现代农业新技术丛书

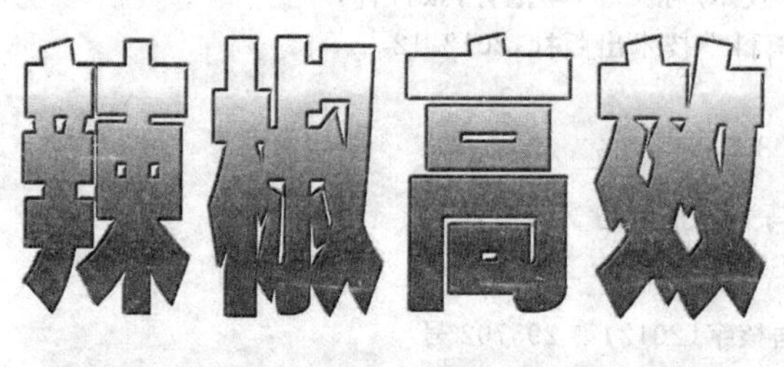

栽培模式与栽培技术

编著◎陈文超　马艳青　张竹青　李雪峰

CTSK 湖南科学技术出版社

图书在版编目(CIP)数据

辣椒高效栽培模式与栽培技术/陈文超,马艳青,张竹青,李雪峰 编著. ——长沙:湖南科学技术出版社,2012.12

(现代农业新技术丛书)

ISBN 978－7－5357－7508－5

Ⅰ.①辣… Ⅱ.①陈…②马…③张…④李… Ⅲ.①辣椒－蔬菜园艺 Ⅳ.①S641.3

中国版本图书馆 CIP 数据核字(2012)第 295702 号

现代农业新技术丛书

辣椒高效栽培模式与栽培技术

编　　著:陈文超　马艳青　张竹青　李雪峰

责任编辑:欧阳建文　彭少富

出版发行:湖南科学技术出版社

社　　址:长沙市湘雅路 276 号

http://www.hnstp.com

邮购联系:本社直销科　0731－84375808

印　　刷:唐山新苑印务有限公司

(印装质量问题请直接与本厂联系)

厂　　址:河北省玉田县亮甲店镇杨五侯庄村东 102 国道北侧

邮　　编:064101

出版日期:2017 年 10 月第 1 版第 2 次

开　　本:850mm×1168mm　1/32

印　　张:6.5

字　　数:156000

书　　号:ISBN 978－7－5357－7508－5

定　　价:26.00 元

目　录

第一章　概　述

第一节　辣椒的营养和食用价值

辣椒可以鲜食或干制、加工食用。鲜椒上市时，甜椒肉厚味甘，可以炒吃；辣椒味辛辣，可炒食、腌渍，也可以晒干制成辣椒干、辣椒粉作调味料，也可以制成辣椒酱、辣椒油及各种辣椒加工制品。

辣椒的营养丰富，它含有人体必需的多种维生素、矿质元素、纤维素、碳水化合物、蛋白质。

维生素A，一般每100克鲜椒中含量为11.2～24毫克，干辣椒中的维生素A更高，比黄瓜、番茄、茄子等蔬菜含量丰富。而且红辣椒中的胡萝卜素含量比较高，100克鲜椒含量0.73～1.56毫克。胡萝卜素通过人体吸收，在体内可转化为维生素A。故经常食用辣椒可获得人体所必需的维生素A。

维生素C，辣椒中的维生素C含量居所有蔬菜之冠，100克鲜椒中维生素C含量13～342毫克，辣椒中的含量高于甜椒的含量，是黄瓜、番茄、茄子等果菜类含量的7～15倍。

B族维生素，主要有维生素B（硫胺素）、维生素B_2（核黄素）、维生素PP（尼克酸），100克鲜椒中，它们的含量分别为0.04毫克、0.03毫克、0.3毫克。

矿质元素，辣椒中矿质元素含量较高的有磷、钙和铁，100克鲜椒中，它们的含量分别为28～401毫克、1～12毫克、0.4～0.5 毫克。

碳水化合物和蛋白质。100 克鲜椒中含碳水化合物 4.5～6 克，可施放热量 50～108 千焦（约 12～26 千卡），另外辣椒中还含有少量人体正常代谢所需的脂类物质，每 100 克鲜椒含量 0.2～0.4克，同时 100 克鲜椒中含蛋白质 1.2～2 克。

辣椒素，一般 100 克鲜红椒中含辣椒素 0.04～0.37 毫克，果实成熟过程中，辣椒素含量逐渐增加，红熟的辣椒中辣椒素含量高于青椒，大果形品种如灯笼椒类型，几乎没有辣味，而小果形的品种如尖辣椒、朝天椒、线椒等，辣味浓。果实中，胎座及隔膜组织中的含量最高，种子中含量少，果肉中的含量以果实顶端最高。

辣椒果实中含有的辣椒素能刺激口腔、胃黏膜、胰腺分泌消化液，帮助消化、增进食欲。辣椒中的维生素 C、维生素 A、维生素 B 和辣椒素具有防癌抗癌作用，尤其是常食辣椒的人对预防肺癌、食道癌、胃癌均有效果；辣椒中维生素 B 同维生素 A 共存，能有效地延缓衰老，推迟面部皱纹产生；辣椒素具有良好的抗炎、镇痛、防治心血管疾病作用，另外辣椒素能加速脂肪组织的代谢与分解，促进能量消耗，从而防止体内脂肪过多积聚；辣椒红素预防辐射的保护功效显著。中医认为，辣椒具有通经活络、活血化瘀、驱风散寒、开胃健胃、补肝明目、温中下气、抑菌止氧和防腐驱虫等功效。所以常将它称为“红色药材”，用来预防和治疗某些多发病和常见病。如伤风感冒、脾胃受寒、消化不良、关节疼痛、脚手冻伤等，起到营养健康的妙用。

第二节　我国辣椒栽培发展历史

辣椒原产中南美洲，在温带地区为一年生草本植物，在热带地区则为多年生灌木。约在明代末年（约 1640 年）传入我国，至今已有近400年的历史。在我国传播速度很快，现已成为我国栽培面积第二、经济效益第一的蔬菜作物，年种植面积近2000万亩（1亩≈667平方米，全书下同）。

在20世纪60年代以前，我国辣椒生产使用的种子基本上是农户自留的地方品种，也没有形成大规模的商品化生产基地，进入70年代，生产上开始使用科研单位提纯复壮的优良品种。70年代末期，辣椒生产上开始推广我国第一个杂交辣椒品种早丰1号，使得辣椒产量增长30％～50％，是我国辣椒生产史上的一个重要里程碑，它标志着我国辣椒生产进入杂交品种使用的快车道。由于杂交品种的推广应用，我国辣椒生产发生了翻天覆地的变化。首先是品种的产量、商品性、熟性、抗病、抗逆性等经济性状和植物学性状都朝着有利于人们生活水平的提高方向改进和发展。然后是品种类型不断丰富，从过去单一的甜椒和辣椒两种类型已发展到不同辣味程度、不同熟性、不同果形、不同颜色、不同用途等多种类型。第三是辣椒生产的栽培模式发生了巨大的变化，由过去单一的露地栽培发展到现在的日光温室栽培、大棚提早或延后栽培、覆膜栽培、高山栽培、延秋栽培、南菜北运栽培等多种栽培模式。由于品种的更新、栽培模式的丰富，辣椒生产不仅仅局限于一种蔬菜的供应，逐渐发展成为农村、农业生产结构调整的一个重要的经济作物。

第三节　目前辣椒栽培品种存在的重要问题

近年来，我国辣椒生产面积急剧扩大，同时生产中也暴露了不少问题：

一、品种选择不对路

目前我国从事辣椒品种选育的单位有上百家，推出的品种组合有近千个，这么多的品种，让农民朋友眼花缭乱，加上这些品种中有相当一部分质量无法保证，农民种植后出现减产减收。因此，对于铺天盖地的辣椒品种宣传广告，农民如何有针对性地选择品种至关重要。农民朋友在选择品种时绝忌贪便宜，要认准正规的公司、科研单位的产品，并且要仔细咨询，选择适合于本地种植，符合目标市场需求的品种。

二、病虫害加重

辣椒乃至所有蔬菜病虫害防控技术研究滞后，再加上基层蔬菜植保专业人才匮乏，病虫害防控不到位，不仅辣椒的原有几大病害和虫害未得到有效控制，由于引种或连作等原因，白粉虱和炭疽病等病虫害为害日益严重，蔓延扩散速度快，严重威胁辣椒的生产和质量安全。

三、农药、化肥使用盲目，浪费和污染环境严重

为了增加产量，有的农民以为化肥使用越多越好，结果造成不仅产量、效益上不去，而且肥料流失浪费严重，甚至造成肥害减产，应注意合理搭配施肥、适时施肥。对于病虫害防治，许多农民更是盲目，他们不会诊断，反正是隔三差五就打药一次，所有的药都用上，结果药效不明显，农药成本也增多了，农药残留及环境污染加重了。因此，农民朋友应根据辣椒生长情况及时咨询农技人员，或者阅读辣椒栽培的书籍，实现科学用药。

四、盲目生产

蔬菜生产由于市场化程度比较高，各级政府和农业主管部门对蔬菜生产缺乏有效的指导安排，蔬菜种植面积往往都是种植户根据上年的蔬菜品种价格及效益安排。由于灾害性气候及种植面积原因，有的年份辣椒价格比较高，有的种植户种植辣椒效益较

好，往往第二年跟风种植的比较多，造成第二年效益严重下滑或卖难的结局。目前还存在一些想发展蔬菜基地的地方或个体老板，在没有充分考察市场或没有丰富的种植经验的情况下，盲目发展种植辣椒，往往产量和效益都不理想。

第二章　辣椒的特征特性及发育生理

第一节　辣椒的特征、特性

辣椒属浅根性作物，主根不发达，根系较发达，再生力较强，但比番茄、茄子弱。辣椒的初生根垂直向下，向周边延伸形成根系。根系多分布在30厘米土层内，在侧根上，生长着大量的根毛，根毛以5～10厘米的土层内发达，条数多而长。辣椒吸收土壤中的水分和养分主要是依靠根毛吸收机能，通过侧根再输送到茎、枝、叶、花、果实各个部位。侧根和主根的木栓化程度高，主要起输导和支柱作用。当外界条件如风吹、人为伤害造成侧根和主根断裂时，恢复能力弱或不能恢复，故在栽培管理中应保护好主根和侧根，根有趋水性，土壤水分适宜时，根系强壮，数量多而密，分布广且匀称，土壤水分少时，根向土壤深处水分多的土层发展；土壤水分过多时，根系发育不良甚至造成沤根。因此，要保持水分适宜，做到旱能灌，涝能排。根有趋肥性，土壤肥力适宜时，根系生长良好，数量多且白嫩，分布均匀。当土壤缺肥，根系就趋向于肥源生长，造成根系分布不均匀，偏态发展。

辣椒茎直立，黄绿色，且有深绿色纵纹，也有的为紫色。基部木质化，较坚韧。茎高30～150厘米，因品种不同而有差异。辣椒种子发芽时，种芽向上顶土生出两片窄长稍厚的子叶，在两片子叶中间有一个生长点，称为分生组织，所产生的新细胞，逐渐分化成辣椒植株的地上部分。子叶以上，分枝以下的直立圆茎叫主茎。主茎上生5～20片真叶或侧枝。主茎是全株的躯干，起支持和养分、水分上下输送作用。主茎以上的茎叫枝，枝的形状多为丫字形两杈，少数植株为三杈，但三杈者则有一枝弱小，粗看似呈两杈枝。主茎以上的枝是植株结果主要部位及水分、养分输送渠道。

辣椒叶分子叶和真叶两种类型。子叶是种子贮藏养分的场所，供给种子发芽过程所需能量和养分。子叶一般呈长披针形，依品种不同而有差异。初出土时呈黄色，以后逐渐转绿。在真叶长出之前，幼苗的生长靠子叶进行光合作用所制造的养分维持。子叶对辣椒幼苗生长有重要作用，必须保护好，不能被土埋掉或人为损伤。辣椒的真叶为单叶、互生、全缘，卵圆形，先端渐失，叶面光滑，微具光泽，少数品种叶面密生茸毛。一般北方栽培的辣椒绿色较浅，南方栽培的较深，叶片大小色泽与果表的色泽、大小有相关性，甜椒叶片比辣椒叶片大，主茎下部叶片比主茎上部叶片小。

辣椒叶片的长势和色泽，可作为植株营养和健康状况的指标。生长正常的辣椒叶片呈深绿色（因品种而异），大小适中，无光泽。而当全株叶色黄绿时，一般视为缺肥症状。大部分叶色浓绿，基部个别叶片全黄时，为缺水症状。氮肥施用过多，则叶片宽，叶肉肥厚，颜色深绿，叶面光亮。如果施肥浓度过大，叶面变得皱缩，凹凸不平，顶部心叶相继变黄，并有油光，椒农称之为油顶，并认为此种症状为落叶之前兆。

辣椒的叶除了能进行光合作用，提供植株生长、开花、结果的养分之外，还能进行蒸腾作用。辣椒从根部不断吸收水分，叶片通过气孔不断蒸腾水分，在整个植株体内形成水的流动连通体，这样就能供应辣椒植株所需要的水分和无机养分。蒸腾作用的大小依品种不同而异，与辣椒叶面积以及外界的气温、湿度、风速有关。当品种耐热性强时，蒸腾作用大，通过蒸腾，水分散热降低植株温度，从而能抵抗炎热的迫害。叶面积大、气温高、湿度小、风速快，蒸腾就大，反之蒸腾就小，当温度过高时，叶面上的气孔自动关闭进行自我保护。

叶片能直接吸收无机养分和农药，当辣椒植株缺肥而又不适合进行地下根部追肥时，进行叶面喷施氮、磷、钾、硼、锌、铜等肥料以及生长激素、调节剂，均可被吸收渗入植株各部位，在短时间内使植株长得更旺盛，叶片颜色变得更绿，叶面积增大，叶片增厚，新陈代谢加快，喷洒内吸性农药，能延长药效。

辣椒花为雌雄同花，花较小。甜椒的花大于辣椒的花，生长于温和条件下的花比在炎热条件下生长的花大。花冠白色或绿色，花萼基部连成钟形萼筒，尖端 5 齿，花冠基部合生，尖端 5 裂，基部有密腺。雄蕊 5～6 枚，基部联合花药圆筒形、纵裂，花药浅紫色或黄色，与柱头平齐或稍长，少数品种的柱头稍短，雌蕊 1 枚，子房 2 室，少数 3～4 室，花着生于分枝叉点上，单生或簇生，属常异交作物，虫媒花，异交率在 10%左右。

辣椒果实为浆果，食用部分为果皮。果皮与胎座之间是一个空腔，由隔膜连着胎座，把空腔分为 2～4 个心室。辣椒果实大小形状因品种类型不同而差异显著，有扁圆、圆球、四方、圆三棱或多纵沟、长角、羊角、线形、圆锥、樱桃等多种形状。果直、弯曲或螺旋状，表面光滑，通常具腹沟、凹陷或横向皱褶。有纵径 30 厘米的线椒、牛角椒，有横径 15 厘米以上的大甜椒，也有小如稻谷的细米椒。果肉厚 0.1～0.8 厘米，单果重从 0.5 克到 300～400 克。萼片呈圆多角形，绿色。因果肩有凹陷、宽肩、圆肩之分，因而着生状态也分别为凹陷、平肩、抱肩。甜椒品种多凹陷，辣椒品种多平肩，干椒品种多抱肩。青熟果有深绿色、绿色、浅绿色、淡黄色、紫色、白色之分，老熟果有红色、黄色、紫色之分。辣椒果实含有较高的茄红素和较浓的辣椒素，未成熟的果实辣椒素含量较少，成熟的果实辣味较浓。果实着生多下垂，少数品种向上直立。

辣椒种子主要着生在胎座上，少数种子着生在心室隔膜上。种子短肾形，似茄子种子，稍大，扁平，微皱，略具光泽，色泽黄白色或金黄色。种皮较厚实，故发芽不及茄子、番茄快。辣椒种子的大小、轻重因品种不同差异较大。中等大小的种子千粒重6～7g，每克150粒左右。经充分干燥后的种子，如果密封包装在－4℃条件下贮存10年，发芽率可达76%，室温下密封包装5～7年，发芽率可达50%～70%。室温下不密封包装贮存2～3年，发芽率仍可达70%。我国南方气温高、湿度大，一般贮藏条件下的种子寿命要短一些，必须加以注意。

第二节　辣椒对环境条件的要求

一、辣椒对温度的要求

辣椒属喜温作物。辣椒种子发芽的适宜温度为25℃～30℃，超过35℃或低于10℃都不能较好发芽。25℃时种子发芽需4～5天，15℃时需10～15天，12℃需20天以上，10℃以下则难以发芽或停止发芽。苗期往往地温、气温较低，幼苗生长缓慢，要采取人工增温办法防寒防冻。种子出芽后，随秧苗的长大，耐低温的能力亦随之增强，具有3片真叶，能在5℃以上不受冷害。种子出芽后在25℃时，生长迅速，但极瘦弱，必须降低温度至20℃左右，以保持幼苗缓慢健壮生长，使子叶肥大，对初生真叶和花芽分化有利。

辣椒生长发育的适宜温度为20℃～30℃，低于15℃时生长发育迟缓，持续低于5℃则植株可能受害，0℃时植株易受冻害。辣椒在生长发育时期适宜的昼夜温差为6℃～10℃，以白天

26℃～27℃，夜间16℃～20℃比较适合。这样的温度可以使辣椒白天能有较强的光合作用，夜间能较快而且充分地把养分运转到根系、茎尖、花芽、果实等生长中心部位去，并且减少呼吸作用对营养物质的消耗。植株开花授粉期要求夜间温度15.5℃～20.5℃为适宜，低于15℃受精不良，大量落花，低于10℃，不开花，花粉死亡，难以授粉，易引起落花落果和畸形果。

辣椒怕高温，白天温度升到35℃以上时，花粉变形或不孕。不能受精而落花，即使受精，果实也不发育而干萎。果实发育和转色，要求温度在25℃以上。总的来说，辣椒植株生长适宜的温度因生长发育的过程不同而不同。从子叶开展到5～8片真叶期，对温度要求严格，如果温度过高或过低，将影响花芽的形成，最后影响产量。品种不同对温度的要求也有很大差异。大果形品种比小果形品种不耐高温。

二、辣椒对光照的要求

辣椒属喜光植物，光补偿点为1500勒克斯，光饱和点为30000勒克斯，但对光周期影响不敏感。除了在发芽阶段不需要光照外，其它生育阶段都要求有充足的光照。幼苗生长发育阶段需要良好的光照条件，这是培育壮苗的必要条件。光照足，幼苗的节间就短，茎粗壮，叶片厚，颜色深，根系发达，抗逆性强，不易感病，苗齐苗壮，从而为高产打下良好的基础；若光照不足，幼苗节间伸长，含水量增加，叶片较薄，颜色浅，根系不发达。

三、辣椒对水分的要求

辣椒是茄果类蔬菜中较耐旱的作物，蒸发所消耗的水分比其它植物少得多，因为它的叶片比同科其它作物的叶片较小，背部针毛稀少。一般小果类型辣椒品种比大果类型品种耐旱，在生长发育过程中所需水分相对较少。辣椒在各生育期的需水量不同，种子只有吸收充足的水分才能发芽，但由于种皮较厚，吸水速度较慢，所以催芽前先要浸泡种子6～8小时，使其充分吸水。浸泡时间过短，达不到催芽的目的，而且有可能因吸水不充足、不均匀，在催芽处理过程中会伤害种子。浸泡时间过长，会造成营养外流，氧气不足而影响种子的生活力。幼苗植株需水较少，此时又值低温弱光季节，土壤水分过多，通气性差，缺少氧气，根系发育不良，植株生长纤弱，抗逆性差，利于病菌侵入，造成大量死苗，故在这期间苗床不要灌水，以控温降湿为主。移栽后，植株生长量加大，需水量也随之增加，此期内要适当浇水，满足植株生长发育的需要，但仍要适当控制水分，以利于地下部根系伸长发育，控制地上部枝叶徒长。初花期，需水量增加，要增加水分，以促进植株分枝开杈，花芽分化、开花、坐果。果实膨大期，需要充足的水分，如果水分供应不足，果实不能膨大或膨大速度慢，果面皱缩，弯曲，色泽暗淡，形成畸形果，降低产量和品质，所以此期间供给足够的水分，是获得优质高产的重要措施。长江流域5、6月正处于梅雨季节，降雨量大，土壤水分高，空气湿度大，易发生沤根，叶片黄化，要挖好排水沟，做到畦上不积水。炎热季节辣椒昼夜水分蒸发量为37.5～45吨/公顷。由于高温干旱，水分供应不足，满足不了辣椒蒸腾的需要，叶片气孔关闭，出现萎蔫现象，光合作用不能正常进行，就会严重影响辣椒的生长发育，落花、落叶、落果，造成减产，严重的时候，植株出现永久萎蔫、死亡。

四、辣椒对养分的要求

辣椒的生长发育需要充足的养分。对氮、磷、钾等肥料都有较高的要求，此外，还要吸收钙、镁、铁、硼、铜、锰等多种微量元素，整个生育期中，辣椒对氮的需求最多，占60%，钾次之占25%，磷为第三位占15%。在各个不同的生长发育时期，需肥的种类和数量也有差异。幼苗期辣椒苗幼嫩弱小，生长量小，需肥量也相对较少，但肥料质量要好，需要充分腐熟的有机肥和一定比例的磷钾肥，尤其是磷、钾肥能促进根系发达。辣椒在幼苗期就进行花芽分化，氮、磷肥对幼苗发育和花的形成都有显著影响，氮肥过量，易延缓花芽的发育分化，磷肥不足，不但发育不良，而且花的形成迟缓，产生的花数也少，并形成不能结实的短柱花。因此，苗床营养应配好，提供优质全面的肥料，保证幼苗发育良好，移栽后，对氮、磷肥的需求增加，合理施用氮、磷肥，促进根系发育，为植株旺盛生长打下基础。如果此期氮肥施用过多，植株易发生徒长，推迟开花坐果，而且枝叶嫩弱，容易感染病毒病、疮痂病、疫病。初花后进入坐果期，氮肥的需求量逐渐加大，到盛花、盛果期达到高峰期，氮肥供分枝、发叶，磷钾肥促进植株根系生长和果实膨大，以及增加果实的色泽。辣椒的辣味受氮、磷、钾肥含量比例的影响。氮肥多，磷钾肥少时，辣味降低；氮肥少时，磷钾肥多时，则辣味浓。大果形品种如甜椒类型需氮肥较多，小果形品种如簇生椒类型需氮肥较少。因此，在栽培管理过程中，灵活掌握施用氮、磷、钾肥，不但可以提高辣椒的产量，并可改进其品质，特别是干椒的生产。辣椒为多次成熟，多次采收的作物，生育期和采收期较长，需肥量较多，故除了施足基肥外，还应采收一次施肥一次，以满足植株的旺盛生长和开花结果的需要。对越夏恋秋栽培的辣椒，多施氮肥，促进植株抽发新生枝叶，施磷、钾肥增强植株抗病力，促进果实膨大，提早施翻秋肥，多开花坐果，提高辣椒的质量和产量。在施用氮、钾肥的同时，还可根据植株的生长情况施用适量的钙、镁、铁、硼、铜、锰等多种微肥，预防各种缺素症。辣椒缺硼时，根色发黄，根系生长差，心叶生长慢，根的木质部变黑腐烂，花期延迟，造成花而不实，影响产量。这就需要在花期增施硼肥，浓度为0.2%，喷在植株花叶上，以加速花器官的发育，增加花粉，促进花粉萌发、花粉管伸长和授精，改善花而不实的现象，但浓度千万不能过量，否则，植株会得元素过量症，形成畸形花、畸形叶，甚至落花落果。

植株缺钙时，首先影响分生组织的生长，症状表现在生长点和叶缘，出现变形和失绿，后期在叶片边缘出现坏死。由于细胞壁被溶解，所以缺钙组织变软，出现褐色的物质，并聚积在细胞间隙和维管束组织中，进而影响运输机制。实际生产中，缺钙常发生在贮藏器官果实上，辣椒的脐腐病就是这样。

缺镁症状多出现在老叶上，其症状表现为叶脉间缺绿或变黄，严重时坏死。叶片缺镁时变硬，变脆，叶脉扭曲，过早脱落。叶片出现缺镁症状的临界含量是2毫克/克干重。缺镁后植株生殖生长推迟。

植株缺铁症状有些与缺镁相似。这是因为二者都影响到叶绿素的形成。与缺镁不同的是，缺铁失绿症状总是出现在幼叶上，而在多数情况下，缺镁都是发生在叶脉之间，在新形成的幼叶上可以看到绿色的中脉网，严重情况下新生叶常常是白化的。例如，甜椒植株在极端缺铁情况下，几天后新生叶及原来未展开叶片失绿、白化，逐渐出现坏死斑点，最终脱落，而原先展平的基部叶片则变化不大。在缺铁植株组织中，磷与铁的比例比正常组织中高。

植株缺铜的临界含量是3～5毫克/克干重，植株缺铜时生长矮小，幼叶扭曲变形。顶端分生组织坏死。如果叶片中铜浓度过高，会产生铜元素毒害症。

植株缺锌后，叶脉间失绿，黄化或白化。多数情况下缺锌植株节间变短，老叶失绿，叶片变小，类似病毒症状。缺锌后种子产量受到很大影响，这是因为，锌在授粉受精中起着特殊作用。花粉粒中含锌量较高，受精后其中大多数锌离子都结合到幼胚中去。当锌离子过量时，不耐锌植株会出现锌害症，其表现是根伸长生长受阻，嫩叶出现缺绿症。叶片中锌毒害的临界浓度是400～500毫克/千克干物质。

五、辣椒对土壤的要求

辣椒对土壤类型的要求不严格。各种土壤都可以栽植，但要获得高产优质对土壤的选择还是有讲究的。一般来说，土质黏重、肥水条件差的缓坡地，适宜栽植耐旱、耐瘠的线椒或可以避旱保收的早熟辣椒，大果形肉质较厚的品种须栽培在土质疏松、肥水条件极好的河岸或湖区的沙质土壤上，或灌溉方便，土层深厚肥沃的土壤，才能获得高产。

辣椒对土壤酸碱度的要求，一般适宜范围为pH6.2～7.2，呈中性或弱酸性为好，辣椒忌连作。连作病虫害多，植株发病严重，土壤养分状况也失去平衡，不利于辣椒生长，产量和质量都下降，最好实行水旱轮作或多年轮作。

辣椒忌土壤地下水位高，土壤通气性差。在含水量多、土壤孔隙小的情况下，氧缺乏，二氧化碳含量高，对辣椒根系易产生毒害作用，使根系生长发育受到阻碍，因此，种植辣椒的土壤要有良好的通透性。

六、辣椒对空气的要求

空气是由多种气体组成的，其中氧气和二氧化碳与辣椒的生长关系密切，氧气供给辣椒进行呼吸作用，维持生命活动。氧气对辣椒种子发芽的影响特别大，若土壤中氧气的含量低于10%，会抑制种子发芽，在植株生长发育时期缺氧根会窒息死亡。二氧化碳是辣椒进行光合作用的重要原料，若二氧化碳不足，将严重影响光合作用的进行，这种现象在温室保护地栽培中应注意。对于工厂附近，应谨防二氧化硫、氯气对辣椒的伤害。

第三节　辣椒的发育生理

一、种子的发芽过程

辣椒从播种至子叶展开，真叶显露，在适宜环境条件下约需12天。种子在发芽前有一个吸水过程，在浸种后的12小时内种子快速吸水（物理吸水阶段）；之后吸水的速度减慢，到48小时后再次快速吸水（主动吸水阶段）。种子在物理吸水过程中，达到最大限度后，酶开始活化，激素类合成，蛋白质进行合成。在这一过程中，种子又开始第二次快速吸水，呼吸作用增强，物质的代谢加快，种子开始萌动。种子萌发首先是胚根从种子内伸出、伸长，相继发育成幼根，种子内弯曲的胚轴也逐渐伸长，直到伸出种子，随即是胚轴上端的子叶基部伸出种皮，而后子叶的尖端逐渐从种皮内脱壳而出，子叶逐渐展开，完成发芽过程。子叶展开后，在光照条件下逐渐转绿，幼根也开始从土壤中吸收水分和无机盐，植株体的营养开始从自养转为异养。要使以后的植株发育良好，保护好两片子叶特别重要。

二、幼苗期

辣椒种子发芽后，便进入幼苗期。从子叶开展露心（生长点分化出叶芽）到现第一朵花蕾称为营养生长初期。这一时期内，植株生长迅速，代谢旺盛，光合作用产生的营养物质除供给自身的消耗外，几乎全部供给幼根、幼茎、幼叶的生育需要。当辣椒幼苗长到约8片真叶时，子叶的作用消失，成为不必要的器官了。辣椒幼苗的生长状况，对植株以后的生长发育及产量的影响极大，幼苗期生长量小，但相对速度很快，吸收养分、水分要求严格，生产中应精细管理，努力培育壮苗。

三、开花结果期

从第一花蕾出现到坐果称为始花期，以后则称为坐果期。在辣椒植株的个体发育过程中，由营养生长过渡到生殖生长，其标志是花芽分化。辣椒的花芽分化比番茄、茄子稍晚，从植株的外观上看只有3～4厘米高，长出3～4片真叶时，开始分化第一朵花。当植株分化出一定数量的叶片后，分化新叶的生长点由圆锥形的突起变得肥厚、扁平，边缘外扩，紧接着相继进行萼片、花瓣、雄蕊、雌蕊的分化。雄蕊进一步形成花粉母细胞，雌蕊在心皮里继续分化成胚珠、心室和胎座，进而发育成完整的花器。

辣椒的花芽分化属于发育上的营养支配型，只要植株体内的成花物质积累到一定数量后便进行花芽分化，与外界环境条件如温度、日照、水分、养分等密切相关。处于较高的温度时，花芽分化时间早，节位低；较低的夜温，花芽分化时间迟，但花的重量与子房的重量都增加，花的质量提高。16小时以上的长日照对辣椒花芽分化不利、较短的日照则有利。光照强度对辣椒的影响不及番茄、茄子明显。土壤水分充足，花芽分化良好，对开花结实有利。辣椒花芽分化对磷、氮比较敏感。若磷不足，花芽分化不良，发育迟缓，花的质量低；氮磷充足，花芽分化良好，结实率高。钾对花芽分化的直接作用不明显，由于辣椒是多次开花、连续结果的作物，故它的花芽分化与茎叶的分化是交替进行的。辣椒的开花结果期是形成产量的重要时期，植株一方面要进行花芽分化、发育、开花、结果、果实膨大，同时也进行茎叶的分化生长，它们是相互影响的，没有旺盛的营养生长就不可能有良好的花芽分化和果实发育，若枝叶过于茂盛，将会抑制花芽分化；相反，花芽的过早发育，也会抑制营养生长。因此，在辣椒的栽培管理过程中，通过对环境条件的调控，使植株的两个生长处于平衡状态，是获得高产的关键。

四、茎的发育习性

辣椒茎的分枝习性、开展度和直立性因品种、栽培条件而异。早熟品种一般生长势弱，分枝较多，节间较短，开展度大；晚熟品种一般生长势强，分枝较少，节间较长，开展度小。营养条件好，分枝多，开展度大；营养条件差，分枝少，开展度小。如果由于外界条件下使植株倒伏，也会诱发植株分化较多的枝条，茎的分枝类型可分为无限分枝和有限分枝两种。

无限分枝型：植株高大，生长茁壮，当主茎长到4～20片叶时（品种不同，叶片数也不同），开始分叉，主茎上部每一个叶腋都有腋芽，并可萌发出枝条，这些枝条称为侧枝或抱脚枝。矮生的早熟品种生长势弱，腋芽萌发时间早而多，抱脚枝上所结第一果实与四门椒同期，有利于增加早期产量，一般予以保留，晚熟品种的抱脚枝萌发迟或不萌发，经济价值不大，一般予以打掉。

主茎以上的分枝一般是2个，少数为3个，它们继续分叉发育成为骨干枝。辣椒发生2枝或3枝除与品种本身的遗传特性有关外，还在很大程度上受低温和营养条件变化的影响，在营养生长充分，幼苗较长时间处于10℃以下的低温，出现3枝的概率大。按辣椒的分枝习性，分枝应呈几何级数增加，呈对称式上升，但实际上往往一强一弱，偏态发展，结果形成若干个之字形的枝臂。一个枝臂上的节数因品种不同而异，一般可达20个左右。节数的多少与肥水管理和果实采收有关。肥水不足，挂果过多，则分枝停止抽生，出现钝化现象，反之，水肥足，挂果少，分枝抽生多而长，而且停止生长的枝条又可继续分枝生长。生产实践上通过肥水促控和果实的采摘来调节分枝数目和分枝的长短。在足够的肥水供应条件下，前期果实要及时采收，以促进新枝的分生。中后期则应注意增加采收次数，每次采摘要摘老留嫩、摘多留少，达到果不空树，以果压树的目的，使分枝不断抽生而不长，形成一个分枝均匀、节长适度，树形紧凑的树冠。

有限分枝型：植株矮小，主茎生长到一定叶数后，顶部发生簇封顶，在植株顶部形成多数果实，花簇下面的腋芽抽生分枝，分枝的叶腋还可能发生侧枝，顶端都形成花簇封顶，以后不再分枝生长，各种簇生椒都属于此种类型。

无限分枝类型的辣椒产量高，是目前生产中普遍栽培的一个类型，而有限分枝类型的辣椒一般产量都不高，但可以通过密植的方式来增加产量，而且有限分枝类型的辣椒有一个特点，辣椒成熟期较一致，便于机械化一次性采收。目前生产上应用主要是作干椒和观赏。

无论是有限分枝型还是无限分枝型，辣椒分化第一朵花后，便可诱发2～3条分枝的发生，由于发生分枝数不同，单株产量显著不同，理论上亩产量也不同，但生产实际中，对于3条或2条分枝无特殊意义，单位面积的产量可以通过栽植的株数进行调整，无须依靠增加分枝数来增加产量。

五、叶的发育习性

辣椒营养生长期内的叶片发育与其以后的营养生长和生殖生长交替时期的叶发育相比较，前者时间非常短，幼苗从叶片的生长点开始发育算起，5～10天一枚叶片。接近子叶的第一对初生真叶生长发育很慢，在30天左右叶片达到成熟，但叶面积很小，以后的叶片达到最大的叶面积需45～55天。在辣椒的一生中，随着叶的逐渐分化发育，同化作用变得日益旺盛，同化产物一部分向地下输送，从而促进根的生长发育。叶片发育的好坏与环境条件的优劣有关，特别是温度、光照对叶发育的影响最显著。叶片发育的日温度以25℃～27℃为宜，夜温以18℃～20℃为好，这样有利于白天加强光合作用，夜间减少呼吸作用对养分的消耗。充足的光照是叶片进行光合作用的前提，光照弱，叶片小而薄，颜色浅，甚至发生脱落现象。土壤水分和养分对茎叶的发育也有影响。水分过多，养分亏缺都将直接影响叶面积的大小和叶的寿命，土壤干旱，植株叶片下垂乃至萎蔫，会使叶片的分化速度和发育受到严重影响，土壤水分过多，含氮量下降，可以造成植株叶片黄化脱落。

六、花芽分化与发育

当植株分化到4～20片真叶时（早熟品种一般分化出7～8片叶，更早的4～6片叶，中晚熟品种11～20片叶），产生新叶的生长点由圆锥状突起变成扁平角形，形成辣椒的第一个花芽，从此辣椒进入营养生长与生殖生长同步进行期。花芽分化发育成花托、花萼、花冠、花瓣、雄蕊和雌蕊。雄蕊进一步形成花粉母细胞，雌蕊在心皮里分化出胚珠、心室和胎座，从而形成花器的分化。辣椒的子房多由2～4个心室组成，心室数的多少是根据愈合的心皮数决定。冬春季育苗花芽分化大约在播种出苗后35天左右，苗径高3～4厘米，有3～4片真叶时开始，花芽分化因育苗环境或幼苗发育程度的不同而有显著的差异，如环境适宜，幼苗生长发育正常，花芽分化就较早，反之则分化较晚。花芽分化出现的节位一般早熟品种偏低，晚熟品种偏高，当能看见植株上第一朵花开放时，植株上已形成了数个花芽。一般每个分叉处都分化一个或多个花萼，从第一层起，按1、2、4、8这样的几何级数增加，而实际上受偏态分枝的影响，花芽的分化在第四层以上就不遵循此规律了。

七、影响花芽分化的因素

据有关学者研究认为，辣椒的花芽分化属营养支配型，是以旺盛生长促进发育和花芽分化的典型。影响花芽分化有内因和外因两个方面的原因。外因是指复杂多变的环境因素，影响最强的是温度，其次是光照、土壤水分和肥料因素，床土的质量、播种的密度也有直接的影响。花芽的发育、开花、结实连续进行，其花芽分化节位越低，表示植株体内基本营养生长结束而进入生殖生长期越早。从构成产量的角度看，生理分化或形态分化早未必就是好事。对辣椒来说，在生理分化时，短日照、低地温或高夜温可以起促进作用，这与促进辣椒形态分化的条件是不同的。当植株进入生殖生长时，高夜温对花芽形成、花器发育和开花等一系列过程都有不利影响，会造成花质不好而大量脱落，所以夜温应适当低一些。同时氮、磷丰富，地温较高，水分充足能促进植株发育和花器发育正常，落花现象会明显减少。

内因是植株体内决定本身素质的营养物质。当幼苗期植株体内积累的各种营养物少，磷、氮比小时，则体内的植物激素多，成花素少，开花较晚。当磷、氮比增大，植株体内碳水化合物增加时，植物激素会逐渐降低，成花素增加，可促进开花结实。

总之，环境条件及植株本身所含的营养物质状况对花芽分化和发育都有很大影响。如果植株体内营养物质的积累少，光照不足，温度过高或过低，早期所开的花就小，多产生畸形花，影响早期的产量和品质。

八、开花坐果的习性

只有受精良好的花朵才能正常挂果长成果实，否则易形成僵果、畸形果或不能形成果实。辣椒自授粉到果实充分膨大达到绿熟期，需 25～30 天，到红熟期需要 45～50 天，甚至 60 天。一般早熟品种较晚熟品种充分成熟所需的时间短。果实的发育需要吸收大量的养分，此时茎叶的生长受到抑制，所以辣椒果实要适时采摘，以促进茎叶不断抽生，辣椒果实中辣椒素的含量多少与果实的成熟度有很大关系。一般幼嫩时含量少，随着果实逐渐长成，辣椒素的含量逐渐增加，至紫红色时含量最高。在辣椒果实由青熟向老熟转变过程中，果实中叶绿素含量逐渐减少直至消失，叶黄素、胡萝卜素或花青素、茄红素的含量逐渐增加，在老熟期达到最大含量。由于色素含量比例不同而形成深浅不同的色泽。作为观赏栽培品种五彩椒，是同株上的果实转色期不同而形成的几种颜色。

按照花芽分化的规律和数目，一朵花应该对应有一个果，但实际上结果数远比开花数少，更比花芽数少。因为许多花开后都脱落或未曾开放就脱落，不能形成正常的果实。辣椒的落花、落果问题受多种因素的影响。首先是夜温过低或过高、光照较弱造成落花落果。过低或过高的夜温影响花粉的萌发和受精的正常进行。辣椒花由于受精不良，不能产生生长发育的内源激素，不久便发黄脱落。光照较弱，叶片光合作用水平低，供给受精后的子房发育所需养分有限，幼果由于营养不良也会脱落。土壤营养状况也是造成落花落果的一个重要原因。营养状况差形成中柱花，进一步恶化，就形成短柱花，不能授粉，落花率高，花朝上开放，花梗变短，有时横向开花，也容易落花，即使能完成受精，但由于不能正常供给果实发育所必需的营养，也会造成落果现象。主枝及靠近主枝的侧枝，营养条件较好，正常花多，坐果率高；其它侧枝的营养条件次之，中柱花，短梗花多，落花落蕾常在20%左右。水分是影响落花落果的另一个重要因素，灌水过多，苗生长过旺，其花芽分化反而比灌水中等的差些，落花的比率也大些，而土壤干旱或土壤溶液浓度过高时，抑制了水分的吸收，细胞分裂受阻，也会造成落花落果。病虫害的危害亦是辣椒落花落果的重要原因。

第三章　优良辣椒品种

第一节　甜椒品种

1. 农大 40 甜椒

中国农业大学育成的中晚熟品种。

特征特性：植株直立，株型紧凑，株高 70 厘米，株幅 65 厘米，茎粗壮，叶色深绿，叶片长 16 厘米，叶宽 6 厘米，果实长灯笼形，心室 3～4 个，嫩果为浅绿色，有光泽、成熟果红色、果肉脆甜，单果重 150～200 克、属中熟品种，生长势强，果实发育速度快，丰产性好、亩产 4000～5000 千克。

2. 中椒 4 号

中国农业科学院蔬菜花卉研究所育成的中晚熟一代杂种。

特征特性：中晚熟甜椒，优质、丰产、耐病毒病。果面光滑，果深绿色。果实灯笼形，果大肉厚，果肉厚 0.5～0.6 厘米，单果重 120～150 克。主要适于北方露地恋秋栽培。从定植到始收 45 天左右，亩产 4000～5000 千克。亩用种量 50～100 克左右。适宜地区：华北、华东、华南、西南、西北、东北等地。

3. 中椒 5 号

中国农业科学院蔬菜花卉研究所育成的中早熟一代杂种。

特征特性：中早熟甜椒一代杂种。植株生长势强，株高 55～61厘米，第一花着生于 8～11 节上，定植后 35 天左右即可采收。果实灯笼形、色绿、果面光滑，3～4 心室，单果重 80～

118 克，果肉厚 0.43 厘米，每百克鲜重含维生素 C94.5 毫克，味甜质脆，品质优良，抗病毒病，适应性广，主要适于露地早熟栽培，也可在保护地栽培。从定植到始收约 40 天，亩产 4000～5000 千克。亩用种量 100 克左右。适宜地区：广东、广西、海南、云南、北京、河北、江苏、新疆、内蒙古、浙江、山西、山东、河南、陕西等地。

4. 中椒 7 号

中国农业科学院蔬菜花卉研究所育成的中早熟一代杂种。

特征特性：早熟甜椒一代杂种。植株生长势强，结果率高，果实为灯笼形，果色绿，果实大，果肉厚 0.4 厘米，单果重 100 克左右，味甜质脆，耐病毒病和疫病。适于露地和保护地早熟栽培，从定植到始收 28～30 天，亩产约 4000 千克。亩用种量 50～100克。适宜地区：北京、河北、山西、山东、河南、广东、广西、四川、浙江、江苏、辽宁、内蒙古等地。

5. 中椒 8 号

中国农业科学院蔬菜花卉研究所育成的中晚熟一代杂种

特征特性：中晚熟甜椒一代杂种。果实灯笼形，果大形好，果色深绿，果面光滑，单果重 90～150 克，3～4 心室，果肉厚 0.54 厘米，味甜质脆，耐贮运，对病毒病抗性强，耐疫病。从定植到始收约 45 天，亩产 4000～5000 千克。适于露地恋秋栽培，并可作北运菜冬季栽培。亩用种量 50～60克。适应地区：华北、西北、华南、华东、西南等地。

6. 中椒 11 号

中国农业科学院蔬菜花卉研究所育成的中早熟一代杂种。

特征特性：中早熟甜椒一代杂种。果实长灯笼形，果色绿，果实大，纵径 10.9 厘米，横径 5.96 厘米，肉厚 0.49 厘米，单果重 80～100 克左右，味甜质脆，耐病毒病和疫病。适于露地和保护地早熟栽培，从定植到始收 40 天左右，亩产 4200～5500 千克。亩用种量55克。适宜地区：北京、河北、天津、山西、山东、河南、广东、广西、四川、浙江、云南、江苏、辽宁、内蒙古等地。

7. 中椒12号

中国农业科学院蔬菜花卉研究所育成的中早熟一代杂种。

特征特性：中早熟甜椒一代杂种。果实方灯笼形，果色绿，纵径9.42厘米，横径6.61厘米，肉厚0.46厘米，3～4心室，单果重100克左右。味甜质脆，品质优良。对病毒病抗性强，中抗疫病。适于露地和保护地早熟栽培，从定植到始收40天左右，亩产约4000千克。亩用种量55克。适宜地区：北京、河北、天津、山西、山东、河南、广东、广西、四川、浙江、云南、江苏、辽宁、内蒙古等地。

8. 冀研6号

河北省农林科学院经济作物研究所选育的早熟甜椒。

特征特性：属于中早熟杂交种，植株生长势强，较开展，株高65厘米，株展54厘米，第11节左右着生第一花，结果率高。果实灯笼形，果色绿，果面光滑而有光泽，3～4心室，果肉厚0.5厘米，平均单果质量100克，最大单果质量250克，味甜质脆，商品性好。抗病毒病（抗烟草花叶病毒，耐黄瓜花叶病毒），较抗炭疽病和疫病。适宜保护地及露地地膜覆盖栽培。

9. 冀研4号

河北省农林科学院经济作物研究所选育的中熟甜椒。

特征特性：中熟，生长势强，株型较紧凑，13节左右着生第一花，果实灯笼形，绿色，肉厚0.5厘米，单果重95～200克。果实味甜质脆，商品性好，抗病毒病和日灼病，较抗炭疽病和疫病。丰产性好，亩产量4000千克，最高达5000千克。主要用于露地地膜覆盖栽培，也可用于棚室栽培。

10. 冀研 5 号

河北省农林科学院经济作物研究所选育的早熟甜椒。

特征特性：早熟，生长势强，植株较开展，叶片较小，第 10 节左右着生第 1 花。果实灯笼形，绿色，肉厚 0.4 厘米，单果重 95～200 克。果实味甜品质好。该种抗逆性较好，耐低温弱光，耐热性又好，连续坐果能力强。抗病毒病，较抗炭疽病、疫病。在不同类型保护地及露地栽培，均能达到高产稳产。亩产量 4000 千克，最高达 6600 千克。

栽培要点：大棚栽培河北中南部 12 月下旬温室育苗，播前进行种子消毒，2 月上旬分苗，3 月下旬定植。温室栽培 11 月中旬阳畦育苗，12 月中旬分苗，2 月上中旬定植。亩用种量 125 克。

11. 冀研 6 号

冀研 6 号品种来源于河北省农林科学院蔬菜花卉研究所育成的冀研系列甜椒一代杂种。

特征特性：中早熟杂交种。植株生长势强，较开展。第 11 节左右着生第 1 花，结果率高，果实灯笼形，果色绿，果面光滑有光泽，果形美观，果大肉厚（0.5 厘米）。耐贮运，单果重 100 克左右，最大单果重达 250 克，味甜质脆，商品性好，抗病毒病。适宜早春保护地栽培和露地地膜覆盖栽培，喜欢果大肉厚地区均可种植。

栽培要点：河北省中南部地区大中拱棚栽培，12 月中下旬育苗，3 月中下旬带蕾定植，密度为每亩栽 4500 穴（每穴双株），定植后 40 天左右开始采收。

12. 冀研 7 号

河北省农林科学院经济作物研究所选育的中早熟甜椒。

特征特性：中早熟，生长势强，株型紧凑，果实灯笼形，微辣，单果重 100～200 克，抗病毒病，抗逆性较强。适宜露地地膜覆盖和秋延后保护地栽培。一般每亩产量4000千克。

栽培技术要点：华北地区秋延后保护地栽培，7月中下旬播种，8月中下旬定植，亩栽3500～4000穴，露地地膜覆盖栽培，1月下旬播种，4月下旬带蕾植，亩栽4500穴（每穴双株）。

13. 沈研11号

沈阳市农业科学院选育的早熟甜椒。

特征特性：植株长势强壮，株高55厘米，株幅50厘米，始花节位8～9节，果实方灯笼形，商品性状优良。果纵径10.2厘米，横径9.1厘米，果肉厚0.4厘米，平均单果质量120克，果色绿、光亮，成熟果实略有辣味，可食率85%以上，适合春露地及春秋保护地栽培。

栽培技术要点：培育壮苗，东北地区春季保护地栽培可于1月上中旬播种，露地地膜覆盖栽培于2月中下旬播种，秋延晚栽培可于6月底至7月上旬播种，每平方米播种量为25克。重施基肥，合理密植。每亩施腐熟鸡粪2500千克，同时施入复合肥或磷酸二胺30千克，采收期隔20天追一次化肥或粪水，行距57～60厘米，株距20～25厘米，单株定植。定植后要及时浇水，采取小水勤灌的措施，前期要尽量促进植株生长，露地栽培于6月底前一定使植株封垄，雨季要排水防涝，及时防治病虫害。

14. 沈研12号

沈阳市农业科学院选育的早熟甜椒。

特征特性：果实长灯笼形，果纵径14.6厘米，果横径8.5厘米，果肉厚0.4厘米，平均单果重140克，果色绿，果面光，微辣，可食率85%以上。维生素C含量958毫克/千克。每亩产量4421.6千克。

栽培要点：东北地区保护地栽培可于1月上旬播种，地膜覆盖于2月中旬播种，播种量25克/米^2，苗期严防猝倒病。采取一次移苗的方法，3月下旬至5月上旬定植。重施基肥，亩施腐熟农家肥5000千克，复合肥25千克。定植行距60厘米，株距25厘米。适于辽宁、吉林、黑龙江、河北、山西、山东、安徽等省春露地及春秋保护地栽培。

15. 沈椒6号

沈阳市农业科学院选育的早熟甜椒。

特征特性：熟性早，始花节位10节，采收期118天。植株长势强，株高50～58厘米，株幅45～55厘米。中抗病毒病和炭疽病，不耐疫病。果实长灯笼形，果长8.94厘米，果横径6.07厘米，果肉厚0.32厘米，平均单果重69.7克，果色绿，果面皱褶，微辣，品质好，每百克鲜重含维生素C 109.5毫克。

栽培技术要点：东北地区春季保护地1月上旬，露地2月下旬播种，秋季栽培6月下旬至7月上旬播种，苗期防猝倒病，出真叶前控制水。保护地每亩保苗4500株，露地6000株，前期以促为主，露地栽培6月底前植株要封垅，雨季要及时排涝。重施基肥，每亩施腐熟鸡粪2500千克，同时施入复合肥30千克，采收期隔15天追一次化肥或粪肥水。

16. 沈椒4号

沈阳市农业科学院选育的早熟甜椒。

特征特性：辣椒。株高38厘米左右，株幅36厘米左右；果实长灯笼形，绿色，果长11厘米左右，果横径约6厘米，果肉厚0.35厘米，果面略有沟纹，单果重60克左右；每克果实维生素C含量1.68毫克，可食率85%以上，有辣味。熟性较早，第9～10节着生第一花，始花期94天，抗烟草花叶病毒，耐低温性较强。

栽培要点：东北地区保护地栽培可于1月上旬播种，地膜覆盖于2月中旬播种，播种量25克/米^2，苗期严防猝倒病。采取一次移苗的方法，3月下旬至5月上旬定植。重施基肥，每亩施腐熟农家肥5000千克，复合肥25千克。定植行距60厘米，株距25厘米。适宜范围：辽宁、甘肃、河南、安徽等省及相似生态区种植。

17. 双丰甜椒

双丰甜椒是中国农业科学院蔬菜研究所和北京海淀区农业科学研究所共同培育的。为中早熟品种。植株长至13～14片叶时开始着生第一朵花。坐果率高，果呈灯笼形，肉厚味甜，品质好，顶部有3～4个凸起，果绿色，单果重95克左右。耐烟草花叶病毒病。播种至初收果120天，连续采收60天。亩产2000～3000千克。

18. 硕丰19号

硕丰19号辣椒品种是山西双丰种苗有限公司培育的早熟甜椒。

特征特性：早熟，杂交一代甜椒种。9片叶显蕾，坐果集中，果实方灯笼形，果绿色，果面光亮。果长12厘米，肩宽9厘米，肉厚0.5～0.6厘米，单果重250克左右。抗病性强，商品性好，味甜质脆，亩产5000～6000千克。

栽培要点：种子用1%次氯酸钠浸种5～10分钟消毒，然后用60℃热水浸种并不断搅拌10～15分钟（杀死种皮下的病菌和病毒），再用30℃温水浸泡6～8小时，捞出置于28℃～30℃处催芽，4～5天出芽70%即可播种；开花结果后，结合浇水施速效氮肥10～15千克，促进果实膨大，采收期，每采收两次追施一次速效氮肥或氮磷钾复合肥；发棵期要及时打掉门椒以下的侧枝。

19. 京甜2号

北京蔬菜研究中心新育成中熟甜椒F1杂交种。

特征特性：生长健壮，始花节位11～12片叶，果实长方灯笼形，3～4心室，果色为深绿色，果面光滑，品质佳，耐贮运。果形12厘米×9厘米，肉厚0.54厘米，单果重160～200克，连续坐果能力强，耐热、耐湿，抗病毒病、青枯病，耐疫病。适于北方保护地、露地和南菜北运基地种植。

栽培要点：华北地区保护地栽培于12月中旬至1月上旬播种，3月初至3月下旬定植，露地于1月下旬至2月上旬播种，4月下旬定植，小高畦栽培，平均行株距（50～60）厘米×(35～40)厘米，亩栽3000～4000株。华南地区露地栽培于8月上旬至10月中旬播种，9月上旬至11月中旬定植，高畦栽培，亩栽3000～4000株。其它地区种植，应按当地气候条件适时播种栽培。

20. 京甜3号

北京蔬菜研究中心新育成中熟甜椒F1杂交种。

特征特性：中早熟甜椒，果实正方灯笼形，4心室率高，果实翠绿色，商品率高，耐贮运。果形10厘米×10厘米，肉厚0.56厘米，单果重160～260克，耐低温耐弱光，持续坐果能力强，高抗烟草花叶病毒和黄瓜花叶病毒，抗青枯病，耐疫病。适于华南南菜北运基地种植。

栽培要点：北方地区保护地栽培于12月中旬至1月上旬播种，3月初至3月下旬定植。露地1月下旬至2月上旬播种，4月下旬定植，小高畦栽培，亩栽3000～4000株。华南地区露地栽培于8月上旬至10月上旬播种，9月上旬至11月上旬定植，高畦栽培，培育壮苗。高畦规格为50厘米×50厘米，重施沤熟基肥，及时追肥及防治病虫害，要搭软支架以防倒伏。

21. 京甜4号

北京蔬菜研究中心育成中早熟甜椒F1杂交种。

特征特性：生长强健，始花节位10～11片叶，果实为中长方灯笼形，3～4心室，果色为绿色，果面光滑，品质佳，耐贮运。果形11厘米×9厘米，果大肉厚，单果重160～240克，持续坐果能力强，耐热、耐湿，抗病毒病和青枯病，耐疫病。适于北方保护地、露地和南菜北运基地种植，亩产 3000～4500 千克。

栽培要点：北方地区种植时，应按当地气候条件适时播种，定植参考：行株距（50～60）厘米×（35～40）厘米，小高畦栽培，亩栽 3000～4000 株。南方种植 8 月上旬至 10 月中旬播种，9 月上旬至 11 月中旬定植，高畦栽培，亩栽 3000～4000 株。重施有机肥，追施磷钾肥，注意钙肥施用，果实膨大期避免发生缺钙现象。

22. 甜杂 3 号

北京蔬菜研究中心育成中早熟甜椒 F1 杂交种。

特征特性：生长势强，株高（大棚）84 厘米，叶片深绿色，第 12 片叶着生第一花。果实灯笼形，心室 3～4 个，果面凹光，果柄下弯，商品果绿色，老熟果红色，果肉厚 0.4 厘米以上，单果重 100 克，大果重 250 克。品质上等，味甜、质脆，果皮腊质层薄。抗烟草花叶病毒，耐黄瓜花叶病毒。结果多，果实生长速度快，丰产、稳产，亩产 2500～4700 千克，为保护地及露地兼用品种，一般定植后 40 天始收。

栽培要点：北京地区保护地栽培于 12 月中旬至 1 月上旬播种育苗，3 月初至 3 月下旬定植。露地栽培 1 月下旬至 2 月上旬播种，4 月底定植。电热温床育苗苗龄 75 天左右。冷床育苗苗龄 100 天左右。亩播种量 100 克。采用小高垄，地膜覆盖，每垄上栽 2 行，垄距 1 米（垄面宽 40 厘米，垄沟宽 60 厘米或采用大小行栽培，平均行距 50 厘米，穴距 33 厘米，每穴 2 株，或穴距 27 厘米，每穴 1 株。重施基肥，增施磷钾肥，采收期内要及时追肥浇水，一般追肥 2～4 次，保持土壤见湿见干状态，勤中耕除草，苗期除侧枝一次，保留底叶。及时喷药，防治蚜虫、茶黄螨、粉虱、棉铃虫等危害。其它地区种植应按当地季节、条件、适时播种栽培。

23. 甜杂7号

北京蔬菜研究中心育成中早熟甜椒F1杂交种。

特征特性：早熟甜杂一代杂种，生长势强，叶片绿色，始花节位12节左右，果实灯笼形，3～4个心室，果面光，商品果绿色，老熟果红色，果肉厚4.5毫米，单果重100～150克。品质优良，味甜脆。耐病毒病、结果多，亩产2200～5000千克。为保护地及露地栽培兼用品种。

栽培要点：北京地区保护地栽培于12月中旬至1月上旬播种。3月初至3月下旬定植，露地栽培于1月下旬至2月上旬播种，4月下旬定植。宜采用小高畦或宽窄行栽培。平均行距50～55厘米，穴距38～35厘米，每亩栽3500穴，每穴2株。重施基肥（农家肥及氮、磷、钾复合肥），结果期追肥2～4次，注意浇水，保持土壤见湿见干，及时防治蚜虫、茶黄螨、粉虱、烟青虫等的危害，定植前1～2天苗床喷药一次。其它地区种植，应按当地季节、条件，适时播种栽培。

24. 中椒104

中国农业科学院蔬菜花卉研究所育成的一代杂种。

中晚熟，定植后约40天开始采收。果实方灯笼形，果实绿色，肉厚0.5～0.8厘米，平均单果露地种植重130～200克，保护地200～250克。味甜，抗病毒病，耐疫病。适宜露地栽培，也适宜北方保护地长季节栽培。

25. 中椒105

中国农业科学院蔬菜花卉研究所育成的一代杂种。

早熟，定植后30天左右开始采收。果实灯笼形，3～4个心室，平均单果重150～200克。果实绿色，果肉脆甜。抗烟草花叶病毒。主要适宜于北方保护地早熟栽培，也可露地栽培。

26. 中椒107

中国农业科学院蔬菜花卉研究所育成的一代杂种。

中早熟，定植后35天左右开始采收。果实灯笼形，3～4个心室，单果重100～120克。果实浅绿色，果面光滑。抗逆性强，抗病毒病。比同类品种增产11.2%～68.1%。特别适宜华南南菜北运种植基地栽培。主要适于露地栽培，也可用作保护地栽培。

27. 索菲娅

杂交一代甜辣椒种，植株长势健壮，节间中等，坐果率高，果实大，长方形，高14厘米左右，宽8厘米左右，单果重210克左右，果肉厚，商品率高。抗烟草花叶病毒、番茄斑萎病毒。主要栽培要点：适宜春季及越冬保护地栽培。华北地区越冬栽培可在8月上旬播种。春播可在10～11月播种，育苗期注意保持苗床温度不低于15℃，种植密度为3株/米，整枝栽培，每株2～3枝。栽培技术：选择合理播种期：华北地区越冬可8月初播种，春播可在10～11月播种。培育壮苗、合理密植（每亩3000株左右）；采用高畦大小行栽培，大行90厘米，小行60厘米，株距40～45厘米。

28. 世纪红

该品种引自瑞士先正达公司，为杂交一代甜椒品种。植株生长健壮，节间短，植株紧凑。果实4或3心室，正方形，高9.5厘米，宽9厘米，平均单果重180克左右。果肉厚，果皮光滑，成熟后颜色艳红。世纪红甜椒耐热能力较强，具有耐高温坐果、果形方正、单果重、颜色鲜红、无纹痕、转色快、耐病毒等特性，是生产无公害甜椒供应国内外市场及越夏栽培填补彩椒淡季的首选品种之一。适宜日光温室越夏或秋延迟栽培。

29. 维维尔

该品种从法国威迈种子公司引进。植株健壮，生长势稳健，坐果能力强。果实长方形，高15～16厘米，宽10厘米左右，果形漂亮，果肉厚，汁多，富含多种维生素及微量元素，没有辣味，口感甘甜，不易出现裂果现象。单果较重，平均单果重160～180克；果实硬，耐挤压，适合贮运；果皮光滑，色泽鲜艳，外观品质好。该品种抗病，高温和低温条件下坐果良好。适宜越夏、早春和越冬栽培。

30. 瓦尔特

该品种从荷兰维特国际种业有限公司引进，为中晚熟杂交品种。植株中高，叶大深绿，果形整齐，果壁肉厚，多为4心室，果色由绿转黄，明黄亮丽，可采摘黄果或绿果，果实方形，高10厘米，宽9厘米，单果重200～280克。高产抗病，抗烟草花叶病毒病、番茄斑萎病毒病和马铃薯条斑病毒病。适宜日光温室越冬、早春或越夏栽培。

第二节　泡椒品种

1. 湘研13号

湖南省蔬菜研究所和湘研种业有限公司共同选育。

特征特性：株高52.5厘米，开展度64厘米左右。植株生长势中等，第一花节位13节左右。果实大牛角形，果长16.4厘米，果宽4.5厘米，果肉厚0.4厘米，单果重58～100克。果形外观漂亮，果大果直，果表光滑，果肉厚，果实饱满，微辣中熟，风味好。该品种从定植至采收约48天，始花至采收约27天。挂果性强，坐果率高，采收期长，长江流域春季栽培一般可达130天，产量达52500～67500千克/公顷。

2. 中椒6号

中国农业科学院蔬菜花卉研究所育成的中早熟一代杂种。

特征特性：株高45～50厘米，开展度50厘米，始花节位第9～11节，果实粗牛角形、绿色，果长12厘米，果粗4厘米，果肉厚0.3～0.4厘米，单果重45～62克。中早熟一代杂交种；

北方地区春季露地种植，定植后30～35天采收，分枝多，连续结果能力强；接种鉴定，抗烟草花叶病毒，耐黄瓜花叶病毒；果实每百克鲜重维生素C含量100毫克，味微辣，宜鲜食。

栽培要点：适合全国各地栽培。主要适于露地栽培。华北地区1月上中旬至2月初播种，4月底至5月初定植在露地。亩栽4000～4500穴。

3. 中椒106号

中国农业科学院蔬菜花卉研究所育成的中早熟一代杂种。

特征特性：生长势强，中早熟，定植后4～5周即可采收，果实粗大、牛角形，平均单果重55～80克，大果可达100克以上，果面光滑，果色绿，生理成熟后亮红色，微辣，品质优良，耐贮运。抗逆性强，抗病毒病。亩产量可达4000～5000千克。

栽培要点：适合全国各地栽培。主要适于露地栽培。华北地区1月上中旬至2月初播种，4月底至5月初定植在露地。亩栽4000～4500穴。

4. 福湘早帅

湖南省蔬菜研究所选育的极早熟粗牛角椒一代杂种。

特征特性：极早熟泡椒组合，青果绿色，生物学成熟果鲜红色，微辣，果长14厘米，横径5厘米左右，肉厚0.3厘米左右，单果重70克。连续坐果能力强。抗病能力强，耐低温弱光。

栽培技术要点：本品种适宜春季极早熟大棚或露地种植，也适宜作秋延后栽培品种。注意施足基肥，提早追肥。基肥最好以腐熟有机肥为主。春季种植参考株行距为30厘米×40厘米，秋季种植可适当密植。

5. 福湘碧秀

湖南省蔬菜研究所选育的早熟大果粗牛角椒一代杂种。

特征特性：早熟大果形泡椒组合。青果浅绿色，生物学成熟果鲜红色，微辣，果表皱，果长16厘米，横径6厘米，肉厚0.4

厘米左右，单果重110克左右，坐果能力强，果实膨大快，能连续采收，早期产量高，适宜于作春季露地、小拱棚早熟栽培和秋延后栽培。

栽培要点：适合于作早春大棚、露地栽培和秋延后栽培。长江流域早春大棚种植10月上旬播种，3月上旬定植，参考株行距0.4米×0.5米。长江流域露地栽培12月至次年1月上旬播种，4月中下旬定植，参考株行距0.4米×0.45米。秋延后栽培7～8月上旬播种，参考株行距0.4米×0.4米。

6. 福湘2号

湖南省蔬菜研究所选育的早熟大果粗牛角椒一代杂种。

特征特性：早熟，生长势较强，坐果集中且多，膨大迅速，果实粗牛角形，微辣，果长14～16厘米，果宽5～6厘米，单果重90～110克，果色嫩绿，果表有纵棱，肉厚，品质佳。抗病性强，产量高。

栽培要点：适合于作早春大棚、露地栽培和秋延后栽培。长江流域早春大棚种植10月上旬播种，3月上旬定植，参考株行距0.4米×0.5米。长江流域露地栽培12月至次年1月上旬播种，4月中下旬定植，参考株行距0.4米×0.45米。秋延后栽培7～8月上旬播种，参考株行距0.4米×0.4米。

7. 福湘元春

湖南省蔬菜研究所选育的早熟大果形泡椒一代杂种。

特征特性：早熟，植株生长势一般，较耐寒。首花节位8～9节，青熟果绿色，生物学成熟果鲜红色，果表光亮，微辣。果长15厘米左右，果宽约5厘米，果肉厚约5毫米，单果重80～100克。坐果集中，抗病能力强。

栽培技术要点：本组合适宜春季早熟大棚或露地种植，也适宜作秋延后栽培品种。注意施足基肥，提早追肥。基肥最好以腐熟有机肥为主。春季种植参考株行距为40厘米×40厘米，秋季种植可适当密植。

8. 福湘探春

湖南省蔬菜研究所选育的早熟大果形薄皮泡椒一代杂种。

特征特性：植株生长势一般，较耐寒。首花节位8～9节，青熟果浅绿色，生物学成熟果鲜红色，薄皮，果表微皱，微辣。果长15厘米左右，果宽约5厘米，果肉厚约0.3厘米，单果重60克左右，肉质脆。坐果多，抗病能力强。

栽培技术要点：本组合适宜春季早熟大棚或露地种植，也适宜作秋延后栽培品种。注意施足基肥，提早追肥。基肥最好以腐熟有机肥为主。春季种植参考株行距为40厘米×40厘米，秋季种植可适当密植。

9. 福湘4号

湖南省蔬菜研究所选育的早熟大果形泡椒一代杂种。

特征特性：中早熟大果泡椒组合。果实粗大，果长18厘米左右，果径4.5厘米左右，单果重120克左右。果色嫩绿，红果鲜红色，果皮光亮无皱，果形整齐顺直。抗病毒病、炭疽病、疮痂病，较耐低温弱光。

栽培要点：该品种适于全国保护地栽培及露地栽培。挂果后及时追肥。参考株行距0.4米×0.4米。

10. 福湘5号

湖南省蔬菜研究所选育的中熟泡椒一代杂种。

特征特性：中晚熟，植株生长势旺，连续挂果能力强，果实粗牛角形，果长约16厘米，果宽6厘米左右，单果重110克左右。果表光滑，青果绿色，红果鲜艳，果实前后期大小一致，商品性极佳。抗逆性强，产量高。

栽培要点：本品种生长势强，结果多，抗病抗逆性强，适合于在土层深厚、肥沃的商品辣椒基地露地丰产栽培，也可用于高山反季节栽培，参考株行距0.5米×0.55米。

11. 福湘秀丽

湖南省蔬菜研究所选育的中早熟泡椒一代杂种。

特征特性：中熟泡椒组合，果实粗牛角形，青果深绿色，生物学成熟果鲜红色，果表光亮，果长15厘米，横径5厘米，肉厚0.4厘米，平均单果重120克左右，抗逆性强，抗病毒病，商品性佳，红椒艳，耐贮运性好，既适宜于青椒上市又适于红椒上市。

栽培要点：本品种生长势较强，结果多，抗病抗逆性强，适合于在土层深厚、肥沃的商品辣椒基地露地丰产栽培，也可用于高山反季节栽培，参考株行距0.4米×0.5米。坐果多时适当搭架防倒伏。

12. 苏椒5号

苏椒5号是江苏省农科院蔬菜研究所育成的极早熟辣椒一代杂种。

特征特性：植株节间短，分枝性强，早期结果多且连续结果性强，果实膨大速度快，前期产量显著。果实长灯笼形，黄绿色，果长11厘米，果肩宽4.5～5.5厘米，平均单果重50～55克，微辣，皮薄质嫩。抗黄瓜花叶病毒，耐疫病。耐低温弱光能力强，亩产5000千克，是长江流域、华北及西南地区棚室冬春栽培的最佳品种之一。

13. 苏椒5号博士王

江苏省农科院蔬菜研究所育成极早熟辣椒一代杂种。

特征特性：极早熟，六节即可开花，分枝性强，早期结果多且连续结果性强，果实膨大速度快，果实更大，长灯笼形，黄绿色，皱皮，皮薄肉嫩，微辣，平均单果重比苏椒5号增加10～20克，且后期结果仍能保持大果特性。抗性更强，具有更好的耐肥，耐低温，耐弱光能力，夜间温度14℃～16℃时能正常结果，抗病性显著提高。一般亩产5000千克左右，适宜塑料大棚，日光温室及西南地区早春露地栽培、越冬栽培。

14. 江蔬 1 号

江苏省农科院蔬菜研究所育成。

特征特性：早熟，耐低温耐弱光照一代杂种。植株半开展，株高 55 厘米，株幅 50～55 厘米。始花节位 7 节，分枝能力强，挂果多。果实粗牛角形，果面光滑，光泽好，老熟果鲜红色。果长 14.8 厘米，果肩横径 4.5 厘米，肉厚 0.3～0.4 厘米，平均单果重 90 克左右，味微辣，品质极佳。抗病毒病和炭疽病，亩产 5000 千克左右。适合长江中下游地区、黄淮海地区、东北、华北及西北等生态区域做早春保护地栽培，也适合西南地区做早春地膜覆盖栽培。

15. 江蔬 2 号

江苏省农科院蔬菜研究所育成。

特征特性：早熟、抗病丰产的牛角形辣椒一代杂种，2002 年通过江苏省品种审定。株高 65 厘米，开展度 60 厘米，株型紧凑，叶色深绿，节密，始花节位 8 节。果实粗牛角形，果长 18～20厘米，平均单果重 80 克左右，青果绿色，老熟果鲜红色，味辣，果面光滑，商品性好且耐贮运。生长势强，耐热且较耐寒。适合保护地秋延后和春提早栽培，长江流域早春小棚、地膜覆盖及露地栽培，南方春季栽培以及两广、海南秋冬栽培。

16. 豫艺墨玉大椒

特征特性：早熟性好，叶片深绿，株高 50～60 厘米，植株开展度 65 厘米，分枝上有浓密白色小绒毛，果形为粗长牛角形，顶部多为钝圆，果长 20～25 厘米，粗 4～5.5 厘米，单果重 120～180克，大果可达 250 克，坐果性好；口感微辣，品质佳，成熟果面光滑，外观漂亮，商品性好；植株生长势强，耐高温，抗病毒病和疫病能力强，秋季亩产量 4500 千克，春季亩产量 6000 千克。

栽培要点：该品种适于春秋大棚，拱棚及早春地膜覆盖栽培。华北秋延后栽培参考播期为7月上旬，春棚参考播期为11月到次年2月份，其它区域应根据当地气候条件合理安排播期，参考株行距40厘米×50厘米，亩定植3000株左右；秋季育苗要求采用护根、遮阳和防雨技术，采用高垄定植，防止田间积水；重施农家肥，亩施腐熟农家肥5000～6000千克，饼肥150千克，钾肥100千克，定植后施稀粪水2～3次，促进发棵，门椒坐果前适当控水控肥防旺长，对椒坐稳后要及时追肥浇水，每次采收后要追肥一次，以粪水加适量钾肥为最好；采用综合措施及时预防病虫害。

第三节 尖椒品种

1. 兴蔬19号

湖南省蔬菜研究所选育的早熟、抗病、丰产杂交辣椒种。

特征特性：早熟青皮尖椒组合，长牛角椒。植株生长势中等。青果深绿色，生物学成熟果红色，果长18厘米，果宽3.2厘米左右，肉厚0.4厘米左右，单果重40克左右。连续坐果能力强，抗病。

栽培要点：该品种适于两广南菜北运基地及嗜辣地区做早熟丰产栽培。长江流域春播可在10～11月播种。培育壮苗，合理密植（每亩3000株左右）；采用高畦大小行栽培，大行90厘米，小行60厘米，株距40～45厘米。

2. 兴蔬201

湖南省蔬菜研究所选育的辣味型、早中熟、丰产杂交辣椒种。

特征特性：中熟尖椒组合，长牛角椒。首花节位9～10节，株高55厘米左右，株幅61厘米左右。青果黄绿色，生物学成熟果鲜红色，果长 22 厘米左右，果宽 3.0 厘米左右。肉厚 0.4 厘米左右，单果重 40 克左右，果形顺直，果表光亮无皱。

栽培要点：全国各地均可栽培，尤宜在嗜辣地区和商品菜基地作主栽丰产品种，可春季大棚或露地栽培，也可秋季露地栽培。长江流域春播可在 10～11 月播种，秋播可在 7 月播种。培育壮苗，合理密植（每亩 3000 株左右）；采用高畦大小行栽培，株行距参考 0.45 米×0.55 米。

3. 兴蔬绿冠

湖南省蔬菜研究所选育的中熟长牛角椒一代杂种。

特征特性：首花节位 10～11 节，株高 58 厘米左右，株幅 65 厘米左右。青果绿色，生物学成熟果鲜红色，果直，果表光滑，商品性好，果长 22 厘米左右，横径 3.0 厘米，肉厚 0.36 厘米，坐果性好，空腔小，耐贮运。

栽培要点：该品种适合于土层深厚的河流冲积土种植，宜选择土层较深、排灌方便的地块作中晚熟丰产栽培，重施基肥，亩施腐熟农家肥 5000 千克，复合肥 25 千克。参考株行距 0.4 米×0.6 米。

4. 兴蔬 215

湖南省蔬菜研究所选育的中熟长牛角椒一代杂种。

特征特性：抗病、丰产、耐高温干旱杂交辣椒种，中熟尖椒品种。果实长牛角形，青果绿色，果直光亮，果表有牛角皱，果长 20 厘米，果宽 2.8 厘米左右，单果重 40 克左右，连续坐果能力强，采收期长。抗疫病、炭疽病、病毒病，耐高温干旱。

栽培要点：该品种适合于嗜辣地区和南菜北运基地作抗病丰产栽培。作长季节栽培应注意打侧枝。参考行株距 0.4 米×0.5 米。亩施腐熟农家肥 5000～6000 千克，饼肥 150 千克，钾肥 100 千克，定植后施稀粪水 2～3 次，促进发棵，门椒坐果前适当控水控肥防旺长，对椒座稳后要及时追肥浇水，每次采收后要追肥一次，以粪水加适量钾肥为最好；采用综合措施及时预防病虫害。

5. 兴蔬16号

湖南省蔬菜研究所选育的中晚熟长牛角椒一代杂种。

特征特性：中熟，果实长牛角形，绿色，果长20厘米左右，果宽3.2厘米左右，单果重50克左右，辣味适中，果面光亮、顺直，商品性佳，耐贮运。挂果密，丰产性好。

栽培要点：本品种挂果密，丰产性强，宜选择土层较深、排灌方便的地块作中晚熟丰产栽培，重施基肥，亩施腐熟农家肥5000千克，复合肥25千克。参考株行距0.4米×0.6米。

6. 兴蔬青冠

湖南省蔬菜研究所选育的中熟长牛角椒一代杂种。

特征特性：中熟尖椒组合。植株生长直立。青果深绿色，生物学成熟果鲜红色，果实圆筒形，果表光滑，亮度好。果长20厘米左右，果宽3.5厘米，肉厚0.4厘米，单果重60克左右，肉质脆嫩，口感极佳。连续坐果能力强，耐贮运能力强，商品性好，适合采收青椒。

栽培要点：该品种适合于土层深厚的河流冲积土种植。因植株挂果多，应注意及时培土防倒伏。参考行株距0.5米×0.5米。

7. 湘研16号

湖南省蔬菜研究所和湘研种业有限公司共同选育一代杂种。

特征特性：晚熟尖椒组合。果实长牛角形，青果绿色，果直，果表光滑无皱，果长20厘米，果宽3.2厘米，单果重50克左右，肉厚，腔小，耐热、耐贮运。

栽培要点：该品种适合于江河湖泊沿岸等土层深厚地区作丰产栽培或河南等地作晚熟丰产栽培。株行距0.5米×0.5米。

8. 兴蔬嫩辣

湖南省蔬菜研究所选育的中熟牛角椒一代杂种。

特征特性：中熟辛辣型组合。植株生长势较强。青果深绿色，生物学成熟果鲜红色，果实棒形，果表光滑，亮度好。果长14厘米左右，果宽2厘米左右，肉厚0.34厘米，单果重30克左右，辣味特强，嫩果风味极好。连续坐果能力强，商品性好。

栽培要点：该品种适于嗜辣地区作品质型辣椒栽培，食用青椒注意在幼嫩时采摘，食红椒则在九成熟时采摘。注意防治青枯病，参考株行距0.4米×0.5米。

9. 兴蔬203

湖南省蔬菜研究所选育的晚熟长牛角椒一代杂种。

特征特性：晚熟尖椒组合。植株生长势强。青果绿色，生物学成熟果红色，果直，果表光滑，果长20厘米，果宽3.2厘米，肉厚0.45厘米，单果重75克左右。果大肉厚，耐贮运，抗病性强，耐高温。

栽培要点：该品种适于江河湖岸作晚熟丰产栽培或作高山反季节栽培。应注意多施基肥和集中追肥并防倒伏。参考株行距0.5米×0.5米。

10. 兴蔬绿剑

湖南省蔬菜研究所选育的晚熟长牛角椒一代杂种。

特征特性：青果绿色，生物学成熟果鲜红色，果直，果表光滑，商品性好，果长22厘米左右，果宽3.0厘米，肉厚0.36厘米，坐果性好，空腔小，耐贮运，品质好，口感脆，辣椒味足，适宜辣椒基地化栽培。

栽培要点：该品种适合于江河湖泊沿岸等土层深厚地区作丰产栽培或河南等地作晚熟丰产栽培，可与西瓜套种。重施基肥，亩施腐熟农家肥5000千克，复合肥25千克。株行距0.5米×0.5米。

11. 兴蔬羽燕

湖南省蔬菜研究所选育的晚熟长牛角椒一代杂种。

特征特性：中晚熟，牛角形，植株生长势强，抗逆性强。叶深绿色，首花节位12节左右，青熟果深绿色，生物学成熟果红色，果表光滑且有光泽。果直，果长20厘米左右，果宽4.1厘米左右，果肉厚4.0毫米，单果重70克左右。商品性佳，品质好。

栽培技术要点：本品种适宜作中晚熟丰产栽培，要求栽培于土层深厚的沙质壤土。注意施足基肥，基肥以有机肥为主，坐果后及时追肥。参考株行距为45厘米×45厘米。

12. 陇椒2号

甘肃省农科院蔬菜研究所育成一代杂种。

特征特性：早熟品种，生长势强，果实羊角形，绿色，果面有皱褶；味辣，品质优，商品性好；果长30～45厘米，粗2.6厘米，单果重35克；耐疫病，抗病毒病，耐低温寡照；亩产4000千克左右，适于塑料大棚、露地及日光温室栽培。栽培要点：苗龄80～90天，注意重施基肥，每次采收后追肥灌水；双苗定植，及早摘除门椒，适宜栽植密度50厘米×40厘米。

13. 陇椒3号

甘肃省农科院蔬菜研究所育成一代杂种。

特征特性：早熟一代杂种，生长势中等，果实羊角形，绿色，果长24厘米，果肩宽2.5厘米，单果重35克，果面皱，果实商品性好，品质好。一般亩产3500～4000千克左右。抗病性强，适宜西北地区保护地和露地栽培。

14. 陇椒5号

甘肃省农科院蔬菜研究所育成一代杂种。

特征特性：属早熟一代杂交品种，在甘肃播种至始花期98天，播种至青果始收期141天；株高70厘米左右，开展度70厘米左右，株型较松散。果长 25 厘米，果肩宽 3.0 厘米左右，果肉厚 0.30 厘米，羊角形，单果重 35～40 克，维生素 C 含量 107.4 毫克/100 克鲜重，品质优良。果面有皱折，果色绿，果长，果形美观，商品性好。抗疫病，耐病毒病。植株长势中等，开张度大，适合于塑料大棚，日光温室种植。一般亩产 3500～4000 千克左右。甘肃省多点区试，平均亩产 4331.6 千克，较对照增产 38.3%。适种地区：适宜于北方保护地和露地栽培。

15. 陇椒 6 号

甘肃省农科院蔬菜研究所育成的日光温室辣椒专用品种。

特征特性：属早熟一代杂交品种，生长势中等，单株结果数 30 个左右，果羊角形，果长 22 厘米，果肩宽 2.8 厘米，肉厚 0.31 厘米，单果重 33.8 克，果色绿，果面微皱，味辣，果实商品性好。播种至始花期 92 天，播种至青果始收期 128 天，维生素 C 含量 1.04 克/千克，品质优良。耐低温寡照，抗病毒病、灰霉病、耐疫病。丰产性好，一般亩产 4000 千克左右。

适种地区：适宜于全国保护地栽培。

16. 猪大肠辣椒

中熟常规品种，生育期 110～120 天，植株直立，株高 70 厘米，果面有光泽，果皮有皱褶，如猪大肠形，深绿色，果肉厚，果皮光滑，肉质细而厚、味辣、品质佳，单果重 50 克左右，亩产 5000 千克以上。春季栽培，每亩保苗 4000～4500 株，适时浇水施肥。适宜西北地区栽培。

17. 茂椒 4 号

该品种系广东省茂名市茂蔬种业开发公司选育的黄皮尖椒杂交种。

该品种株型紧凑、抗病性强、丰产、果大，果长 20～25 厘米，单果重 50～60 克，果肉厚，果色黄绿，商品性好。该品种早熟，前期产量高，一般亩产 2000～2500 千克。

18. 奥运大椒

该品种是安徽萧县选育的黄皮尖椒品种。

该品种早熟，生长势强，果长 25 厘米左右，果宽 4.6 厘米左右，果面光滑顺直，单果重 100 克左右，耐病毒病和疫病，耐高温和低温，坐果性好，适宜南菜北运基地秋冬季露地种植。

19. 杭州鸡爪×吉林早椒

特征特性：极早熟品种，株高 70 厘米，开展度 70 厘米×60 厘米。叶柄基部及分叉处茎紫色。叶片长卵形。首花着生于第 7～8节。果羊角形，长 10 厘米左右，横径 1.5 厘米，青熟果深绿色，老熟果红色。果面略皱，果顶渐尖，稍弯。平均单果重 13～15 克。早熟，从开花到采收 25～30 天。结果能力强，果实微辣。

栽培要点：春季大棚栽培 9 月下旬至 10 月中旬播种，苗龄 90 天左右。株行距 30 厘米×40 厘米，每亩定植 2800 株左右。秋冬季栽培 7 月中旬至 9 月上旬播种，30 天左右苗龄。株行距 30 厘米×40 厘米，前期防雨覆盖栽培，后期保温栽培。

第四节 线椒品种

1. 博辣娇红

湖南省蔬菜研究所选育的极早熟线椒一代杂种。

特征特性：极早熟线椒组合，耐寒、皮薄、肉薄、辣味强，易干制。青果浅绿色，生物学成熟果鲜红色，颜色艳丽，红熟时间短。果长 20 厘米左右，果宽 1.5 厘米左右，挂果多且密，坐果能力强，在肥水充足的条件下，植株可持续生长并开花坐果。可鲜食、酱制或干制。

栽培要点：本组合熟性早，辣味浓，适合于在嗜辣地区近郊作春季早熟栽培或远郊基地作干制、酱制加工辣椒栽培，参考株行距 0.4 米×0.4 米。后期加强肥水管理，保证植株和果实生长需要，可以延长采收期。

2. 博辣 1 号

湖南省蔬菜研究所选育的极早熟线椒一代杂种。

特征特性：极早熟辛辣型辣椒新组合。果实羊角形，青果深绿色，果直，果表光亮微皱，果长 13～15 厘米，果宽 1.6 厘米，单果重 15 克左右，味辣，耐寒性强，坐果集中，可鲜食或干制。

栽培要点：适合春季保护地或露地种植，适合于在嗜辣地区近郊作早熟栽培或远郊基地作干制、酱制加工辣椒栽培，参考株行距 0.4 米×0.4 米。

3. 兴蔬 301

湖南省蔬菜研究所选育的极早熟线椒一代杂种。

特征特性：生长势中等，株型紧凑，极早熟，始花节位 9～11 节，果实细长羊角形，果长 19～23 厘米，果粗 1.8～2.1 厘米，肉厚 0.2 厘米，单果重 20～25 克；果皮绿色，微皱，老熟果深红色，味香辣，鲜食加工均可，耐寒，高产，抗病，适应性广。

栽培要点：适合春季保护地或露地种植，宜选择土层深厚肥沃，排灌良好的冲积壤土种植，株行距 40 厘米×50 厘米，长江流域地区深沟窄畦栽培，每畦双行双株定植，施足基肥，注意重施磷钾肥，适时追肥，及时防治病虫害。

4. 博辣 2 号

湖南省蔬菜研究所选育的中早熟线椒一代杂种。

特征特性：中早熟辛辣型线椒组合。果实羊角形，果长 14～16厘米，果宽 1.8 厘米左右，青果绿色，红果鲜艳，味辛辣，可鲜食、干制或酱制。

栽培要点：该品种红椒鲜艳，品质好，适宜于在嗜辣地区作干制、酱制加工栽培，参考株行距 0.4 米×0.45 米。

5. 博辣3号

湖南省蔬菜研究所选育的中熟线椒一代杂种。

特征特性：中熟辛辣型线椒组合。果实细长羊角形，青果浅绿色，果直，果实光亮少皱，果长22厘米左右，果宽1.4厘米，果重20克，辣味强，结果集中，适于鲜红椒、剁椒和加工用。

栽培要点：本组合适合于嗜辣地区中远郊基地露地丰产栽培或作干制、酱制加工辣椒栽培，参考株行距0.4米×0.5米。

6. 博辣4号

湖南省蔬菜研究所选育的中熟线椒一代杂种。

特征特性：中熟鲜干加工兼用线椒组合。植株生长势旺，第一花着生节位12节，果实羊角形，果实纵径约19.5厘米，横径约1.8厘米，肉厚0.22厘米，果实光滑，整齐较直，青果为浅绿色，生物学成熟果红色，平均单果重17.4克。果实味辛辣，风味好，坐果率高。

栽培要点：长江流域1月播种，温室或温床育苗，2～3月假植一次。4月上旬、中旬定植，参考行株距0.5米×0.5米，亩栽苗2500株左右。亩施3000千克左右的农家肥和100千克饼肥，100千克磷钾肥作基肥，开花前施一至两次提苗肥，坐果后重施追肥，每次采摘后及时追肥。注意打除多余侧枝和老叶，增加通透性，坐稳果后可喷一至两次1∶1∶200的波尔多液，预防病害。

7. 博辣6号

湖南省蔬菜研究所选育的中晚熟线椒一代杂种。

特征特性：中晚熟辛辣型丰产组合。果实长羊角形，果长20厘米左右，果宽约1.8厘米，果色由绿色转鲜红色，味辣。坐果多，连续坐果力强，产量高，抗性强。

栽培要点：长江流域1月播种，温室或温床育苗，2～3月假植一次。4月上旬、中旬定植，参考行株距0.4米×0.5米，亩栽苗3000株左右。亩施3000千克左右的农家肥和100千克饼肥，100千克磷钾肥作基肥，开花前施一至两次提苗肥，坐果后重施追肥，每次采摘后及时追肥。注意打除多余侧枝和老叶，增加通透性，坐稳果后可喷一至两次1∶1∶200的波尔多液，预防病害。

8. 博辣5号

湖南省蔬菜研究所选育的晚熟线椒一代杂种。

特征特性：晚熟辛辣型长线椒组合。株高一般58厘米左右，株幅85厘米左右，果长20厘米左右，横径约1.4厘米，单果重约20克，果身匀直，果皮深绿色，少皱，果表光亮，红果颜色鲜亮，口感好，食味极佳，耐运输。宜鲜食或酱制加工。抗病抗逆能力强，适应性广。

栽培要点：适宜于在全国各地的商品椒基地或加工辣椒基地栽培，施足基肥，亩施腐熟的牲畜厩肥3000千克或菜籽饼肥100千克，磷、钾肥各50千克，定植后至开花用稀薄的人畜粪尿追肥两至三次提苗，挂果重施追肥，每一批果坐稳后要及时追肥一至二次。及时抹掉侧枝，使植株主茎粗壮，增加通风透气。参考行株距0.5米×0.5米。

9. 辣丰3号

中晚熟，植株生长势旺，分枝多，节间较密，连续坐果能力强，株高一般55～65厘米，株幅50～60厘米，果实细长，前期果长18～20厘米，果径1.2～2.2厘米，单果重15～20克，果实光亮，果形整齐而美观，青熟果深绿色，红果颜色鲜亮，辣味较强，且果实耐储藏运输，商品性好，适应性广，抗病，连续收获期长，产量高，一般亩产3500千克左右。

10. 博辣红帅

湖南省蔬菜研究所选育的中熟线椒一代杂种。

特征特性：中熟，植株生长势强，耐热。首花节位11节左右，青熟果浅绿色，生物学成熟果鲜红色，果表光亮。果直，果长22厘米左右，果宽2.0厘米，果肉厚1.5毫米，单果重30克左右。鲜食口感好，商品性佳，也适宜酱制加工。坐果能力强，抗逆性强。

栽培技术要点：本组合适宜春季露地种植，如果加强管理可延后栽培。注意施足基肥，基肥以有机肥为主，坐果后及时追肥。长江流域1月播种，温室或温床育苗，2～3月假植一次。4月上旬、中旬定植，参考株行距为45厘米×45厘米。

11. 博辣红艳

湖南省蔬菜研究所选育的中早熟线椒一代杂种。

特征特性：中早熟，植株生长势较强。首花节位11节左右，青熟果浅绿色，生物学成熟果鲜红色，果表光亮。果直，果长24厘米以上，果宽1.8厘米，果肉厚1.5毫米，单果重30克左右。可鲜食或酱制加工，坐果性好，抗逆性强。

栽培技术要点：本组合适宜春季露地种植，如果加强管理可延后栽培。注意施足基肥，基肥以有机肥为主，坐果后及时追肥。长江流域1月播种，温室或温床育苗，2～3月假植一次。4月上旬、中旬定植，参考株行距为45厘米×45厘米。

12. 湘辣4号

该品种中熟，全生育期约185天，从定植至采收青椒约48天，至采收红椒约65天；株高60厘米，株幅52厘米×55厘米，始花节位13～15节，果形为羊角形，果面光滑，果纵径19.5厘米，果横径1.8厘米，果肉厚0.28厘米，鲜果绿色，生物学成熟果深红色，果肉质嫩，辣度辣，商品率高；单果重17克，鲜椒亩产量2000～3000千克；抗病性强，较抗病毒病、疫病、炭疽病，耐旱性较强，耐热。适于湿润嗜辣地区作加工、盐渍、酱制或鲜食栽培。

播种期，长沙地区12月至次年1月播种。定植期，2～3月假植一次，4 月上、中旬移植；定植行株距 50 厘米×45 厘米，单株定植。施肥以基肥为主，挂果后集中追肥，后期坐果性好。

13. 二金条

二金条是四川省地方品种。植株较高大，半展开，株高 80～85厘米，开展度 76～100 厘米。叶深绿色，长卵形，顶端尖。果实细长，长 10～12 厘米，横径 1 厘米，味甚辣，老熟果深红色，光泽好，果皮较薄，质地细，生长势强，较耐病毒。定植至始收红椒约 115 天。亩产干椒 200 千克左右。成都地区 1 月上旬温床播种，3 月上旬至 4 月上旬定植，行穴距 66 厘米×30 厘米，每穴栽苗 3 株。

14. 辛香 8 号

特征特性：早熟，株型紧凑，株高约 55 厘米，株幅约 56 厘米，分枝力强，连续坐果率强，果长约 22 厘米，果宽约 1.7 厘米，果多、直、齐、顺直，青果嫩绿色，熟后鲜红。辣味强，有香味，口感好。适应性广，抗逆性强，特耐湿，耐热，抗病毒、疫病、枯萎、疮痂等多种病害。

栽培技术要点：苗床大小、建床、营养土配比、播量、播期定植期同于一般品种。每亩定植株 3000 株，行距 60 厘米，每穴单株定植。结果期根据连续坐果的特点要进行根外追肥，采摘初期穴施或灌施复合肥、叶面喷吧。在植株分枝期进行勤打杈、抹芽摘门椒、对椒，在生长中后期，打掉下部的老叶，以利通风透光，减少病虫害。及时采收，应勤采勤收，每采摘一次防病虫一次，及时采摘红椒。

15. 湘妃

中熟长线椒品种。第一花节位 10～11 节，植株生长势强，株型高大、紧凑，节密，株高 64 厘米，开展度 63 厘米，连续坐果性好。果实平均长 26 厘米，宽 1.5 厘米，单果重 25 克。果表稍皱，果实浅绿色转亮红色，味辣，品质较好，耐病毒病能力强。适宜鲜食或酱制加工。

播种期，长沙地区12月至次年1月播种。定植期，2～3月假植一次，4月上、中旬移植；定植行株距50厘米×45厘米，单株定植。施肥以基肥为主，挂果后集中追肥，后期坐果性好。

第五节　朝天椒品种

1. 艳红

引进泰国品种，单生，中熟。抗热性极强，夏季栽培生长良好，连续坐果性极好。抗病性特强，对辣椒各种病害抗性表现突出，雨季抗倒伏性强，商品椒特耐长途贩运。青椒深绿色，转红时鲜红发亮、果实硬实，种腔特别饱满，椒长5～6厘米，直径0.6～0.8厘米，单果重3～4克，平均单株可结果200个以上，一般亩产鲜椒2000～3000千克左右。易采摘不伤嫩枝，味道极辣并带有浓香味，适合鲜食和加工干制，适合中国地区早春、秋季露地及夏季反季节栽培。每亩用种10克。

2. 天升

天升是美国圣尼斯种子公司选育出的雄性不育系杂交一代朝天椒新品种，果形整齐，辣味很强，抗病性强，干鲜两用椒。

特征特性：①单生果，果实小，朝天椒，果形很整齐；②果长5～6厘米，果径0.6～1.0厘米，果重3.0～4.0克；③中熟品种，果味辛辣，植株生长旺盛，坐果力强，产量高；④抗病性强，耐热，干、鲜两用椒，干椒表面无褶皱，果形美观。

栽培要点：①注意病毒病及生理缺钙现象的防治，以防为主；②注意田间水分管理，大量开花期禁止浇水，防落花，影响产量；③晾晒干椒时，避免暴晒影响颜色及品质。

3. 天宇3号

天宇3号是引进韩国簇生朝天椒品种，生育期270天，采果期100天左右，植株高80～85厘米，开展度55～60厘米，果实簇生朝天，每簇6～11个，椒长5～7厘米，椒径1厘米，味道辛辣鲜美。该品种适应性广，分枝能力强，坐果率高，熟性较整齐，果实大小一致，肉厚，色泽均匀，易干制不皱皮，商品性能好，既可鲜食、干制，又可制泡椒，提取辣椒红色素、辣椒油等。

4. 天鹰8号

原于天津外贸引自日本朝天椒品种，经多年栽培驯化人工选育而成鲜食加工兼用型品种，生长势强，株型较紧凑；多为主侧枝顶端着生花簇，开花结果时间相对集中；椒果向上生长，椒长7厘米，果柄较短，成熟果色泽暗红，果面光亮，无畸形果，肉厚，辣味极浓。抗旱耐涝及抗病毒能力强，在河北、河南、山东、山西、京津等主产区多年种植，亩产量约在350～400千克，高水肥条件下有亩产500千克的纪录。

5. 日本天鹰椒

又名山鹰椒和山樱椒，是从日本引进出口创汇用的常规加工品种，中早熟干制小辣椒，植株直立紧凑，株高50厘米左右，花簇生，果丛生，果实尖长细小，朝天生长，果长4～6厘米，果形弯曲油亮呈鹰嘴状，辣味浓。高产地区每亩可达300千克。

6. 天宇-5号

天宇-5号朝天椒，是从韩国引进的朝天椒杂交新品种。天宇-5号属中熟品种，一代杂交优势显著，生长旺盛，株高达1.2～1.5米，单株分枝7～10个，果实簇生，每簇6～7果，果实上冲，果茎粗0.6厘米，果长5～6厘米，果形圆直，颜色浓红，辣度极高。结果集中，熟性一致，易干制，利于采收。

7. 新一代

该品种株高70～75厘米，果长4～5厘米，果径（果肩横径）1厘米左右，属小果形簇生干椒品种，单果干重0.4克左右。味极辣，辣椒素含量0.8%左右。鲜红色，辣红素（红色素）含量3%左右。生长抗逆能力强，簇生向上，椒形好，颜色亮，辣味浓，坐果率高，后期青果少，不易花皮，裂纹，商品性强，一般亩产干辣椒350～400千克，最高可达到450千克以上，鲜辣椒亩产1500～2000千克。

8. 丹红

该品种是韩国三系杂交一代单生朝天椒品种，植株生长极旺盛株高60～65厘米、抗病力强，根系发达、耐旱、连续坐果力强，单株坐果量可达到400～500个完熟果，果长5～7厘米，果实一致性好，不易落果、商品性极佳辣味浓，干椒颜色深红，亩栽3000株左右，在正常的水肥条件下亩产干椒500千克以上。

9. 艳椒425

重庆市农业科学院选育，单生朝天，中晚熟，生长势强，侧枝抽生能力强，抗病毒病、炭疽病，耐热，抗倒伏；果实小羊角形，单生，青椒绿色，老熟椒大红色。果实纵径8.9厘米，横径1.1厘米，单果重约4.4克，单株挂果约130个；辣椒素含量1.9%，辣红素含量141.3毫克/千克，干物质含量27.3%，硬度较好；适宜泡制、干制及深加工提取辣椒素和辣椒红素。一般亩产鲜红椒2000千克左右。

第四章 辣椒育苗技术

第一节 育苗的意义

最初辣椒栽培是采取直播的方式。直播用种量大，每亩需种1～2千克；管理很不方便，费力费工；受气候条件的影响大，幼苗生长不整齐；占地时间长，而且产量往往较低。随着生产技术的发展，直播的方式已被育苗移栽这种先进的栽培技术所取代，育苗移栽具有以下几个方面的优越性：

（1）早熟效益高：春季栽培，大田直播受到露地气候限制，长江流域一般要3月下旬才出苗，青果至6月中旬以后才能采摘上市，较大地限制了辣椒的供应期。早春采用保护设施提早育苗，人为控制幼苗生长所需的环境条件，在低温严寒季节可以培育出壮苗，一旦气候条件适合大棚或露地辣椒生长，就可以及早定植，相对延长了辣椒的生育期和供应期，达到提早上市、丰产的目的。由于提早上市，通过季节差价可以获得高的经济效益。

（2）节省成本：由于目前普遍应用杂交种子，其种子价格高，采用育苗移栽，大大提高了种子的有效利用率，成苗率高，每亩需30～50克种子，即用种量的降低可大大减少生产成本。

（3）提高土地利用率：大田直播受气候条件的限制，土地闲置时间较长，利用率不高。采用育苗技术可使幼苗集中在小面积苗床上生长，缩短了生产田的占地时间，提高了土地利用率。

（4）提高产量和品质：农谚云：苗好三成收。辣椒集中育苗，不仅便于管理，节省劳力，同时有利于防止自然灾害的威胁，育出的秧苗矮壮，节间密，抗性强，坐果率高，有利于防止病虫害，为高产优质打下基础。出苗期的提早带来生育期的延长，可达到增产增收效果。这对于某些不耐热的早熟品种和夏季高温干旱地区，效果更加明显。

第二节　育苗设施与建造

辣椒育苗的方式可概括为设施育苗和露地育苗两种。设施育苗根据春季栽培和秋季栽培育苗，可分为保温育苗和降温育苗。我国各地在早春或先年冬季采用的设施育苗基本上是保温育苗，而在长江中下游地区秋延后栽培和夏季采用的设施育苗基本上是降温育苗。根据有无加温热源，保温育苗可分为冷床育苗和温床育苗。只利用阳光而没有其它加温热源的保温育苗称冷床育苗。根据其设施不同，又可分为阳畦、塑料棚育苗等，塑料棚有大、中、小棚和小拱棚等几种。除利用太阳光保温外，还有其它加温设施的保温育苗称温床育苗，它又根据加温热源的不同可分为酿热温床、火热温床、电热温床育苗等。降温育苗的类型较为简单，目前生产上应用的主要是遮阳网、秸秆物覆盖降温育苗和高秆作物遮阳育苗。其它保温或降温育苗方式还有工厂化育苗、无土育苗和容器育苗等，容器育苗又可分为营养钵和盘钵育苗等。

一、育苗场地如何选择

育苗场地，要选择避风向阳、地势高燥、排溉良好、离大田近、交通便利和管理方便的地方，避开风口、风道，周围无有害气体、无大量扬尘，而且要选择最近 2～3 年内没有种过茄果类和瓜类蔬菜及烟草等作物的地块，以防病害传染，并彻底清除育苗场地四周杂草。辣椒对土壤的适应性较强，沙壤土、沙土、黏土等都可以，最好是选土层深厚、富含有机质、保水保肥和有良好团粒结构的沙壤土，还要有充足的氮、磷、钾、钙、镁、铁等元素供给能力。土壤 pH 在 6～7.2 之间，即微酸性到微碱性的土壤都行。

还有很重要的一条就是阳光要充足，因为冷床育苗全靠阳光来提高热度，而且只有阳光充足，秧苗才能很好地进行光合作用，多制造养料，成为壮苗。如果在场地的北面有现成的建筑物和树木能挡住冷风，当然更好。但场地的东西两面不能有高大的建筑物、树木或山冈遮挡阳光，场地南面要开阔，更不能有遮阳物。

地势高则风大，好像与保温有矛盾。但地势高的场所地下水位低、光照充足而且易排水。倘若苗床地排水不好，则床内湿度难以控制，床土湿度过高，土温降低，秧苗生育不良，容易发病。

二、冷床育苗设施及其建造

只利用阳光而没有其它加温热源的保温育苗称冷床育苗。根据设施不同，又可分为阳畦育苗和塑料棚育苗等。

1. 阳畦育苗

阳畦育苗历史悠久，已形成了传统的育苗技术。由于其取材方便，成本较低，不需要酿热物和其它热源，技术易于掌握，在目前仍是我国长江中下游地区早春育苗的主要方式之一。

阳畦一般宽 1.5～2 米，长 10～20 米不等，床深 15～20 厘米，南框高约 20 厘米，北框高约 40 厘米，北面设风障，上面覆盖透明物，夜间盖草苫。

（1）阳畦的方位：建造阳畦的第一步是确定它的位置和方向。依窗子的覆盖形式，冷床可分为单斜面和双斜面两类。

1）单斜面苗床：单斜面苗床是保温好、应用广的一种苗床。

这种苗床的窗子是向一面倾斜，应该坐北面南、东西横长设置，才能照到最多的阳光。苗床的宽度为 1.3～1.6 米，长度为 13～17 米。宽度过狭和长度过短，对地面和床框、窗子等的利用率降低；过宽和过长，则管理不方便。但苗床的长度，还要根据育苗的多少和场地的实际情况而定。

冬季早晨雾大，一般在上午 8～9 点钟融霜后才揭开草帘的地区，单斜面苗床以向南稍偏西（5～10 度）设置的光照强度比正南的更好，因为这种地区上午照光时数较少，且阳光较弱，苗床向南偏西可多接受下午的阳光。

在早晨雾少和西北风强的地区，单斜面苗床以向南稍偏东为好。因一天内床温的变化，是在早晨日出前最低，把苗床向南稍偏东，可使它在早晨提早接受较多的日光，从而缩短床温最低的时间。床位偏东还可以减少西北风吹袭的影响。

所以设置单斜面苗床时，究竟应该向南稍偏西，还是稍偏东，这要根据当地的具体情况来决定。

2）双斜面苗床：双斜面苗床的窗子呈屋脊形，是向两面倾斜，又称“人字棚”，这种苗床应该南北纵长设置，这样不仅照到的阳光多，而且可使全床照度均匀。一般宽约 2 米，长 17 米左右。双斜面床的透光面大，光照条件比单斜面苗床好。

（2）床框：床框围在苗床的四周，用来保持床温及支持玻璃和草帘。可用泥土、砖块、木材、水泥等作材料。其中广泛应用的是用土墙作为床框，由于土墙成本低，隔热力强，是经济实用的建筑材料，而且育苗结束后，把土墙推倒耙平，就可栽培夏季蔬菜。据报道 26.4 厘米厚的土墙隔热力，相当于 10.6 厘米的木板或 39.6 厘米厚的砖墙，或者说 79.2 厘米的水泥墙。可见土墙的保温性确是很好的。土墙的缺点是不够牢固。在土质黏性差的地区，难以筑土墙。

用砖墙或水泥墙做床框，比土墙牢固，经久耐用，而且墙壁较薄，占地较少，可提高土地利用率，但砖墙或水泥墙的材料成本较大。

用土墙做单斜面苗床的床框时，先筑后墙（即北面的墙），按已划定的界线，将后墙墙基夯实，然后两端拉一直线，沿直线竖两排木板，相距 17～27 厘米，用木桩固定木板，将土分数次填入夹板内打实至 40～50 厘米高，拆除木板即成后墙。在土质较黏处，土墙厚 17～20 厘米；在土质较松处，土墙厚需 23～27 厘米。土墙的厚度增加，还可以增加保温功效。做好后墙再筑侧墙，侧墙的长度即为苗床的宽度（一般为 1.5 米），它的高度由北墙的高度向南逐渐降低到 13～17 厘米，成斜坡。筑好一边侧墙后，按覆盖的窗子数及实际的总宽度，确定另一端侧墙的具体位置，照样再筑另一侧墙，才能保证窗子与侧墙正好盖密，前墙（即南面的墙）一般是用直径 13～17 厘米的稻草来做成，称为“草垄”；也有平叠 3～4 块砖，筑成 13～17 厘米高砖墙的。因为雨水从玻璃窗流下到前墙，故前墙不可用土墙，避免倒塌。

在土墙和砖墙上铺一条用稻草编制的“草辫”宽约 6～7 厘米，厚 1.5 厘米左右，可与窗子和围墙上沿密合。

土墙要在晴天做，若土过湿，墙易裂，不牢固。

据近年防止秧苗冻害的经验，在后墙内侧放一层草片，有提高苗床温度和减低床内湿度的效用。这层草片宜在填床前放置，固定在后墙上。

在屋脊形苗床的两侧，各筑上述土埂一条。用玻璃窗覆盖一侧的土埂，要用旧薄膜包住。因窗搁在土埂上，雨水从窗面流下，若土埂不包薄膜，容易倒塌。在土埂上要放一条草辫，便于窗密封。为了防止窗滑下，要在土埂上设竹竿挡住。

(3) 盖窗：盖窗就是盖在苗床上的窗子。在寒冷季节，既要保持床温，又要让太阳光照进苗床，所以盖在苗床上的窗子要用透明的物体制造。目前广泛应用的是玻璃窗和塑料薄膜棚。玻璃窗的保温性较好，而塑料薄膜便宜。

窗上不可用带色的玻璃，以免透光不良。从窗子的透光性来说，当窗玻璃面与日光辐射线所交的角度趋向直角时，反射掉的光愈少，透过的光愈多。以长沙为例，冬季到早春育苗期间的太阳入射角平均为40度左右，若单为透光，则窗子的倾斜角度以大些好。但随着窗子倾斜角度的增大，它覆盖下的床土面积相应缩小，因而为了提高玻璃窗的利用率，它的倾斜角度以小些好。在生产实际上，是以扩大玻璃窗覆盖下的床土面积，提高玻璃利用率为主；兼顾玻璃的透光率和它的泄水效果，以及床框的北墙高度与其建筑工料和苗床管理工作的方便等。单斜面苗床的窗子倾斜一般为10～15度。

(4) 草帘：为了增强苗床的保温，有时要在窗子上再盖草帘，特别是夜间，外界气温降低，苗床上盖了草帘，由于草帘组织疏松，包容着多量稳定的、不易传热的空气，因而床温不会很快传导出去。

草帘分草片（或草扇）和软帘两种。草片是把稻草编扎在竹竿或竹片上制成的，一般长1.7～2.0米，宽约0.7米，厚约2厘米，重2.0～2.5千克。软帘一般长约2米，宽约1米。以5～6条草为一束，草束排密，按长度用6条草绳为筋，编牢草束，成为吹帘，每张重约2千克。

草帘必须保持干燥，才有良好的保温性。如果草帘被雨淋湿，它的保温性就很差。这是因为被雨淋湿后，草帘里的空隙被水充满，原有的空气被排出。水的导热系数比空气大28倍。也就是就湿草帘的保温性比干草帘降低20多倍。所以降雨时应在草帘上再盖一层塑料薄膜，防止被淋湿。倘若草帘已经淋湿，则应尽快晒干。

(5) 风障：在空旷处建立苗床基地，应在四周设立风障，河、湖沿岸风大，风障尤为必要。北面的风障较高，一般2.7～

3 米或更高些，以挡住北风。南面的风障低些，一般为 1.3～1.7 米，以减少遮光。东西两侧风障，在经常有风的一面应该较高些。苗床基地面积大。或南北狭长的，除四周外，还要在中部设立风障挡住冷风，使苗床附近的空气稳定，减少热的损失。

作风障的材料有：玉米秆、高粱秆、芦苇秆、麦秆、稻草或茅草等，可就地取材。

2. 塑料棚

因塑料棚的成本比阳畦更低，取材更加方便，且便于移动，故采用塑料棚育苗的越来越多。此外，由于早春塑料大棚早熟栽培技术的推广，为提高大棚的利用率，可以利用早熟栽培前的冬春空闲时间育苗。目前，塑料棚育苗已成为长江流域春季辣椒育苗的主要方式之一。常用的塑料棚有塑料大棚、塑料中棚、小拱棚。

(1) 塑料大棚：竹木结构的大棚是由立柱、拱杆、拉杆和压杆组成大棚的骨架，架上覆盖塑料薄膜而成，使用材料简单，可因陋就简，容易建造，造价低。缺点是竹木易朽，使用年限较短，又因棚内立柱多，遮阳面大，操作不便。竹木水泥混合结构的大棚与竹木大棚的结构相同。为使棚架坚固耐用，并节省钢材，有的棚是竹木拱架和钢筋混凝土柱相结合，有的棚是钢拱架和竹木或水泥柱相结合。这种减少了立柱数量，因而改善了作业条件，不过造价略高些。

组装式钢管结构大棚是用镀锌薄壁钢管配套组装而成。由工厂进行标准化生产，成套供应给使用单位，目前我国生产的有 8 米、7.5 米、6 米、5.4 米等不同跨度的大棚，这种棚结构合理，外形美观，安装拆卸方便，唯投资较多。

因竹木水泥混合结构大棚与竹木结构大棚相近似，组装式钢管结构大棚的施工较简单，下面重点介绍竹木结构大棚的施工。

1) 立柱：立柱分中柱、侧柱、边柱三种。选直径 4～6 厘米的圆木或方木为柱材。立柱是棚的主要支柱，承受棚架、塑料薄膜的重量。立柱基部可用砖、石或混凝土墩，也可用木柱直接插入土中30～40厘米。上端锯成缺刻，缺刻下钻孔，刻留作固定棚架用。南北延长的大棚，东西跨度一般是10～14米，两排柱间相距1.5～2.0米，边柱距棚边1米左右，同一排柱间距离为1.0～1.2米，棚长根据大棚面积需要和地形灵活确定。

2）拱杆：拱杆连接后弯成弧形，是支撑薄膜的拱架。如南北延长的大棚，在东西两侧画好标志线，使每根拱架设东西方向，放在中柱、侧柱、边柱上端的缺刻里，把拱架的两端埋入土中20～30厘米，用铁丝把拱架固定在每根立柱的顶端。拱架用直径为3～4厘米的竹竿或木杆压成弧形，若一根竹竿长度不够，可用多根竹竿或竹片绑接而成。

3）拉杆：拉杆是纵向连接立柱的横梁，对大棚骨架整体起加固作用，相当于房屋的檩木。拉杆可用略粗于拱杆的竹竿或木杆，一般直径为5～6厘米，顺着大棚的纵长方向，每排绑一根（每根拉杆长等于大棚长），绑的位置距顶25～30厘米处，要用铁丝绑牢，以固定立柱，使之连成一体。

4）盖膜：首先把塑料薄膜，按棚面的大小粘成整体。为了方便放风透气，则将棚膜粘成大小不同的两块，大的一块盖在棚顶叫顶膜，小块则围在棚侧四周叫围膜，一旦棚内温度过高或湿度过大时，需要放风换气，可将围膜拉下通风。最好选晴朗无风的天气盖膜，先从棚的一边膜压住，再把薄膜拉过棚子另一侧，多人一齐拉，边拉边将薄膜弄平整，拉直绷紧，为防止皱褶和拉破薄膜，盖膜前拱杆上用布条或草绳等缠好，把围膜下边埋在棚两侧宽15厘米、深20厘米左右的沟中。

5）压膜线：扣上塑料薄膜后，在两根拱杆之间放一根压膜线，压在薄膜上，使塑料薄膜绷平压紧，不能松动。位置可稍低于拱杆，使棚面成瓦垄状，以利排水和抗风，压膜线用专门压膜的塑料带。压膜线两端绑好横木埋实在土中，也可固定在大棚两侧的地锚上。

6）装门：在我国北方南北延长的大棚，一般在南端设一个大门，北端设一个小门，东西延长的大棚，在东端设一个大门，西端设一个小门；南方只在南端或东端设门，用方木或木杆做门框，门框上钉上薄膜。

采用塑料大棚育苗时，一般将棚内土地按大棚走向做成宽1.0～1.5米的小厢，每厢需加盖塑料薄膜，盖的方法与小拱棚相同。没有加热设施的大棚，在严寒季节，同样需采用多层塑料膜覆盖保温防冻。

7）塑料大棚的效果：塑料大棚有明显的增温效果。白天大棚的热量，主要来自太阳直射光。太阳短波辐射在大棚的表面，一部分被反射，一部分被吸收，其余部分约75%～90%进入大棚内，致使大棚积聚大量的热量，空气、土壤升温。夜间大棚得不到太阳辐射，而由地面向大棚内辐射，这种辐射为长波碰到薄膜又返回棚内，另外大棚膜阻隔了棚内和棚外的空气对流，防止空气对流造成的热量损失，使棚内保持一定的温度。大棚的这种保温能力叫做“温室效应”。塑料大棚内温度随着外界气温的变化而升降，因此塑料大棚内存在着明显的季节温差和昼夜温差。早春时期，大棚内增温的幅度为3℃～6℃，当气温在零下4℃～5℃时，棚内的辣椒苗就会出现冻害。春末夏初棚内增温效果可达6℃～20℃，外界气温达20℃时，棚内气温可达30℃～40℃，此时如不及时放风，极易造成高温危害。大棚白天温度和天气阴晴有关，晴天增温效果好，阴天增温效果差。在大棚常关闭不通风时，上午随日照加强，棚温迅速升高，春季10时后升温最快，12～13时达最高温，下午日照减弱，棚内开始降温，最低温出现在黎明前。

塑料大棚的增温效果还与棚体的大小、方位等有关。在一定的土地面积上，棚越高大，光照越弱，棚内升温越慢，棚温越低。这与大棚的保温比（大棚占地面积/大棚表面积）有关。

大棚的保温比值，一般在 0.75～0.85 间，保温比值越大，保温性能越好；反之，则保温性能越差，夜间降温也快，温差大，气温不稳定。

大棚的温度与方位有关。冬季（10月至翌年 3 月）东西向大棚比南北向大棚透光率高 12%，3 月份后，由于太阳照射高度的变化，南北向大棚的透光率又高于东西向大棚 6%～8%，但东西向大棚的北面受风面较大，对温度和棚体的稳定都有一定的影响。如果在北侧架设风障，则可加强保温效果。

塑料大棚的增温效果与塑料薄膜种类有关。目前常用的塑料有两种。即聚氯乙烯薄膜和聚乙烯薄膜。聚氯乙烯薄膜的保温性能较好，比聚乙烯薄膜平均提高温度 0.6℃，且耐老化，但易生静电、吸尘性强，而聚乙烯薄膜的红、紫外光透过率高于聚氯乙烯薄膜，故升温快，同时又不易吸尘，棚内水滴少。

塑料大棚的透光性能较好，阳光透过薄膜后就成散射光。因此，垂直光照强度都是高处强，越近地面光照弱，由上至下，光照强度的垂直递减率约为每米 10%。大棚内水平光照强度差异不大。就一天的光照强度来说，南北延长的大棚，上午东强西弱，下午西强东弱，南北两头相差无几。

由于建棚所用的材料不同，其遮阴面的大小有很大差异。一般来说，竹木结构大棚的透光率比钢架大棚减少 10%左右，钢架大棚的透光率比露地减少 28%，而竹木结构大棚减少达 37%。棚架材料越粗大，棚顶结构越复杂，遮阴的面积就越大。

薄膜的透光率，因质量不同有很大差异。最好的薄膜透光率可达 90%，一般薄膜为 80%～85%，较差的为 70%左右。薄膜透过紫外线和红外线的能力比玻璃强。但薄膜受太阳紫外线照射及温度的影响，会老化变质，因而减弱透光性，使薄膜的透光率减少 20％～40％，又由于灰土和水滴的影响，也会大量降低透光率。因此，在大棚育苗期间要防止灰尘污染和水滴积聚，必要时要洗刷棚面。

由于薄膜不透气，棚内土壤和秧苗蒸发的水分难以散发，再加上育苗期间阴雨天较多，因此棚内湿度较大。如不通风，棚内相对湿度可达 90％～100％。为降低棚内湿度，除了注意通风排湿以外，还可以通过铺地膜、改变灌溉方式、加强中耕等措施，防止出现高温高湿或低温高湿现象。

（2）小拱棚：小拱棚育苗是长江中下游地区广大农村普遍采用的辣椒保护育苗方式，成本低，只需要塑料薄膜、竹片或小竹竿，取材方便，建造简单。小拱棚的大小是根据塑料薄膜的宽度、地形和播种量确定，一个宽 1.0 米、长 10 米的标准床可播种子 200 克。可出苗 15000～20000 株。由于小拱棚的保温效果较差，长江中下游地区在温度偏低的年份，如其它保温措施未跟上，小拱棚内的辣椒苗易发生冻害，因此采用加盖双层或三层塑料膜防冻保苗，但应注意两层膜之间保持一定距离，这样可阻止两层膜之间的空气对流，形成隔热层，保温效果明显高于两层膜叠在一起的覆盖方式。在晚上还可在塑料膜上再加草帘保温。

（3）中棚：中棚的面积和空间比小棚大，人可以进入从事农事活动。棚宽一般 5～6 米，中高 1.5～1.7 米，长 10 米以上，面积 50～300 平方米。有多种形式，形式与小拱棚相似，覆盖 3 幅薄膜，留两条放风口。用于育苗时，棚内一般再加小拱棚覆盖；也可用于分苗或成株栽培。

三、酿热温床及其建造

老式的酿热温床一般是在阳畦的床底增加酿热物（以玻璃为覆盖物）。后来随着塑料薄膜工业的发展，绝大多数酿热温床已普遍采用透明的塑料薄膜作为覆盖物。酿热温床建造方法如下。

1. 床框的规格

酿热温床建造的关键技术是床坑的深度，即酿热物填充的厚度。床坑的深度要按照各地的气候、苗龄的长短和酿热物的不同等灵活确定。一般是气候较冷的地区，日历苗龄较长，酿热物发热量较小的床坑，要求挖得深些，以便多填充酿热物，提高床温。挖床坑时，为了使床土的热量分布均匀，单斜面苗床的床底应挖成南边最深、北边次深、中间较浅的偏弧形，其比值可为6∶5∶4，这是根据温床的南、中、北边受热与散热的多少来确定的。双斜面温床和塑料小拱棚温床则挖成两边低、中间稍高的正弧形，平均深度可为40厘米。因为单斜面温床的南边一侧，日光被前墙挡住，床土的湿度较高，土温最低，所以要挖得最深，以填充更多的酿热物发生更多的热量。在靠近北一侧，因为有较多的日光反射热，所以应挖得浅些，可以减少酿热物的厚度，使发热减少。中间因接受的阳光最好，故挖得最浅。双斜面温床和塑料小拱棚温床则挖两边低、中间稍高的正弧形平均深度可为40厘米。这是由于床坑的边缘，热量易被散失，只有增厚酿热物而生产较多的执量，才能补偿散失的热量，使全床的热量分布均匀，温度基本保持一致。

2. 酿热物

酿热物的种类很多，一般都是廉价易得的有机物。根据其碳氮含量的不同，可分为高热酿热物和低热酿热物。前者有新鲜马粪、鸡粪、羊粪、新鲜厩肥、各种枯饼及纺织屑等；后者有牛粪、麦秸、稻草、瓜藤、枯叶及垃圾等。我国北方地区早春气温低，一般都用新鲜马粪掺一些其它有机物作酿热材料。因为马粪含碳氮适宜，通气良好，发热快，初期酿热温度高。一般经过7天左右，温度可达70℃上下，然后温度降到50℃左右，而且温度下降缓慢，维持时间长。南方地区马粪少，一般以猪粪、牛粪等低热酿热物为主。为了既保证发生适度的热量，又能使温度维持较长的时间，应增加适量氮素营养，加入人粪尿或与一部分鸡粪、羊粪等高热酿热物混用。

3. 填充酿热物

酿热物填充的数量和厚度，要根据酿热物的种类、不同地区、播种的早晚而定。一般以20～40厘米厚为宜，若过厚（即超过50厘米），常因下层氧气不足，使好气性微生物活动不良，影响发酵；反之，厚度不足10厘米时，则几乎不能发热，只能起防寒作用。

播种前10～15天，先在床底铺上一层4～7厘米厚的稻草、碎草或麦糠，防止热量从床底散失，若酿热物掺和了几种不同的材料，在填入床坑前要充分拌匀。马粪或猪牛粪必须用新鲜或晒干的，不能用发过酵的，以防起不到酿热作用。对干燥的垃圾，瓜藤和残叶等，要先用水淋湿。马粪、猪粪、牛粪在填充时也要稍加一些水并搅拌均匀。据报道，酿热物的含水量以65%～75%为适宜，最简单检查含水量的方法是，用手用力一握，顺着手指似流水而不流水的样子正好。为了使干燥的材料吸足水分，可在填入床坑前浸入水槽中，或逐步淋水湿透为止，保证达到所需的湿度。

酿热物填入床坑时，为使全床发热一致，必须保证全床的紧实程度一致。应把酿热物踏实，在四周靠近土壤的地方须特别注意，不可疏忽。如果酿热物踏得不够紧实，则发热快，热度高，但不持久。而且在发热过程中，因体积缩小，会造成床土下陷。若酿热物的紧实度全床不一致，则发热不均匀，而且较疏松的地方在发酵过程中下陷幅度较大，造成床面高低不平，致使温湿度差异大，会导致秧苗生长不一致。为做到均匀踏实，可把酿热物分二次填入床坑。第一次填20厘米厚，用四齿耙搂平、踏实。第二次再填20厘米厚，再用四齿耙搂平、踏实。这样畦中间酿热物厚度为32厘米，北边可到40厘米厚，南边可达48厘米厚，酿热物踏实后表面一定要平。酿热物填充后要马上盖上玻璃框（或塑料棚），夜间加盖一层草帘，白天打开草帘以尽快增加温度。3～4 天后把酿热物翻弄一次，再原样整平踏实，等酿热物温度达到 25℃～30℃时就开始浸种催芽。再过 2～3 天酿热物温床达到 45℃时，在酿热物上盖一层薄土，然后施坐底药，以防地下害虫，随后把事先准备好的培养土填到床内，培养土的厚度为播种床 12～13 厘米，分苗床 14～15 厘米。当地温达到 20℃时就可以播种了。

4. 不发热的原因及处理方法

有时填充的酿热物不产生热，或发热后几天或十多天温度就很快下降了。这通常是由于酿热物已经发酵腐烂的缘故。因为发酵腐烂的酿热物，其碳水化合物已被分解，所以不发热了。这说明选用的酿热材料必须是新鲜的，或是新鲜的材料充分晒干后贮藏起来的。

发热后很快就降温，另一个原因是由于酿热物太干燥的缘故。干燥的酿热材料在填充时如果加入的水量不够，或在加水时材料吸水不够而流失，起初因酿热物含有部分水分，可供微生物活动，从而使酿热物发酵发热，当水分耗尽时，微生物停止活动，酿热物就不能继续发热了。

中途停止发热的另一个原因可能是由于雨水渗入床坑，使酿热物中水分过多的缘故。因为当酿热物水分过多时，空隙被水充满，床内缺乏空气，好气性微生物不能进行呼吸作用，无法分解酿热物中的碳水化合物而不能发热。为防止这种情况出现，苗床地一定要选择地势高排水良好的地方。温床周围要深开排水沟，覆盖物要严防漏水。

为查明酿热物停止发热的原因，可挖开一部分床土，取出一部分酿热物观察，如果是由于过干，即在床土面均匀地挖开几处，把适量温水灌到酿热物中，不久就可恢复发热。如果是由于床坑进了雨水而渗入了过多的水，酿热物过湿的缘故，只有全部取出，掺入干燥的酿热物后再填入，同时将排水沟开深，防止再有雨水渗入床坑。

四、电热温床及其建造

电热温床育苗是使用特制的绝缘电阻丝将电能转化为热能，通过人工控制，从而提高苗床的温度，为辣椒幼苗生长发育提供有利的条件。

1. 电加温设备

电热温床的主要设备是电热加温线。电热加温线外面包有耐热性强的乙烯树脂作为绝缘层，两端为导线接头，把它埋在一定深度的土壤内通电以后，电流通过时，产生一定的热量，使电能转为热能进行土壤加温，提高局部范围内的土壤温度。热量在土壤中传导的范围，从电热加温线发热处，向外水平传递的距离可达到 25 厘米左右，15 厘米以内的热量最多。

2. 保温设备

设置电热加温床首先要考虑保温设施配套，以利保温、节能和降低育苗成本。目前的电热温床地上都有保护设施，一般的冷床都可通过装电热加温设施改为电热温床，长江中下游地区多采用塑料大棚电热温床。

此外，为减少耗电，提高增温效果，还须采用隔热层把床底和床的四周与外界隔开，可减少床内热量向外扩散，能达到节省用电的目的。

3. 功率选定

电热温床每平方米使用多少功率的电热加温线，取决于当地的气候，育苗的季节、幼苗所需的温度、温床散热情况等。辣椒育苗，我国北部地区每平方米的电功率应选定在 100～120 瓦，长江以南地区可选用每平方米 80～100 瓦的功率，1 米宽、10 米长的厢土，埋 800 瓦的电热线一根即可。

4. 布线

（1）布线间距：电热加温线的布线间距可通过下列方法求得：首先求取每根电热加温线可热面积（平方米），其公式如下：

每根电加温线可加热面积（平方米）

$$=\frac{\text{电加温线额定功率（瓦/根）}}{\text{电热温床选定功率（瓦/米}^2\text{）}}$$

再求出育苗床需要电加温线的根数，其计算式为：

$$\text{电加温线的根数}=\frac{\text{电加温面积即温床面积（平方米）}}{\text{每根电加温线可加热面积（平方米）}}$$

电加温线的根数应取整数，然后再求出电加温线的总长度（米），其计算式为：

电加温线的总长度＝每根电加温线的长度×根数

再用下式求出布线条数（根）：

$$\text{布线条数（根）}=\frac{\text{电加温线总长度（米）}-\text{温床宽（米）}\times 2}{\text{温床长（米）}}$$

布线条数应取整数，则平均布线间距为：

$$\text{平均布线间距}=\frac{\text{温床宽（米）}}{\text{布线条数（根）}-1}$$

下面以 PS－4 型组装式塑料中棚电热加温线加温床为例，介绍电热加温线间距的具体计算过程。该棚长 20 米，宽 4 米，可铺成 6 个（10×1）平方米的标准床，故只计算一个标准床的布线间距就可以了。若选用 800 瓦的 DV 型电热加温线（长度为 100 米），辣椒播种苗床的选定功率为 80 瓦/米^2，则

每根加温线可加热面积为：

$$S=\frac{800\text{（瓦/根）}}{80\text{（瓦/米}^2\text{）}}\times 10\text{（平方米）}$$

每个标准床需要电加温线的根数为：

$$t=\frac{10\times 1}{10}\times 1\text{（根）}$$

整个棚需电加温线的根数为：

$t=1\times6=6$（根）

每个标准床的电加温线总长度：

$L=100\times1=100$（米）

每标准床的布线条数（根）：

$$n=\frac{100-2\times1}{10}=9.8\approx10\text{（根）}$$

则平均布线距离为：

$$\frac{1.0}{10-1}=0.111\text{（米）}=11.1\text{（厘米）}$$

（2）布线方法：布线时，为了避免电热温床边缘的温度过低，可以把边行电热加温线的间距适当缩小，温床中间部位的间距适当加大，但必须保持平均间距不变。布线前先将床土挖取6～8厘米深（分苗床8～10厘米），床底整平，将事先准备好的隔热材料按所需厚度（一般应超过3厘米）铺好隔热层，隔热层上再撒一层薄细土，以盖住隔热材料为度。布线前准备若干根小竹签，布线时将小竹签按布线间距直接插在苗床两端，然后采取三人布线，逐条拉紧。布完线后，在线上撒入少量培养土，接通电源，检查线路是否畅通。电路畅通无阻时，再断开电源，随即将取出的床土覆上整平。关电后拨出竹签时，一定要用左手紧挨竹签朝下按住，右手抓住竹签向内稍用力顺势拨出，这样就能防止将端线带出土面。

5. 铺设电加温线和接线的注意事项

第一，电热加温线功率是额定的，使用时不得剪断或连线。

第二，严格禁止把整盘的电热加温线通电测试，布线时不能交叉、重叠、打结，防止通电以后烧断电热加温线。

第三，使用前发现电热加温线绝缘破裂，及时用热熔胶修补。

第四，布线结束时，应使两端引出线归于同一边，在线数较多时，对每根线的首尾分别做好标记，并将接头埋入土中。

第五，与电源相接时，在单相电路中只能用并联，不可以串联；在三相电路中，用线根数为3的倍数时，同星型接法，禁用三角形接法。使用220伏电压，不许用其它电压。最好配用控温仪，控制秧苗所需要的温度，可节省用电约三分之一。

第六，电热温床育苗完毕，在起苗和取出电热加温线的时候，禁止硬拉或用锄头掘取；电热加温线用后要洗干净，整盘的收放在阴凉干燥的地方保存，来防鼠害和虫蛀。

第三节　苗床土选配与营养土配制

一、幼苗对床土的要求

苗床的肥力与辣椒秧苗的生长发育有很大关系，因为在育苗过程中，基本上不再施肥，辣椒幼苗所需的养分和水分基本来自苗床营养土，故苗床必须肥沃且持水力强，还要有充足的氮、磷、钾、钙、镁、铁等元素供给能力。为了保证床土对秧苗养分的全面供应，应当全面增加氮、磷、钾等含量，不可偏重氮素肥料；倘若氮素过多，而磷和钾等缺少，则会导致秧苗徒长。

秧苗与成株相比较，其根、茎、叶都较小，单株秧苗所吸收的水分和矿质营养的数量比成株少得多，但由于秧苗密度大，单位面积内秧苗从床土中吸收的水分和矿质营养的总量是较多的，而且由于秧苗要求土壤溶液浓度比成株少得多。因此，既要使床土中含有丰富的矿质营养，又要不使土壤溶液的浓度过高。为了达到这个目的，应使苗床营养土必须含有较多的有机质，因有机质分解产生腐殖质，腐殖质的胶体结构能吸附大量的矿质元素，使土壤溶液保持较低的浓度；而且当土壤溶液中的矿质元素被根吸收而减少以后，吸附在腐殖质胶体的矿质元素可陆续释放出来，满足秧苗生长发育的需要。

辣椒秧苗生长发育与苗床土壤物理性状有很大关系，因为辣椒生长发育要求土壤有很好的保水性、透水性和良好的通气度，这样根系才发病少，而且有利于保护和提高土温。优质的苗床土应有良好的团粒结构，在团粒结构好的土壤中，各团粒之间形成较大的孔隙，容易透水，并能容纳大量空气，而在每个团粒内部都能保持水分，在床土中施入充足的腐熟厩肥、堆肥等有机肥料对促进土壤团粒化有很好的效果。有的地区因土壤中缺乏钙（例如红、黄壤土），制备床土时，除施入富含有机质的肥料外，还需要施入适量的石灰，这对创造水稳性团粒结构有良好作用。施入床土的有机肥料必须是充分腐熟的，或先与土混合堆积，经过充分腐熟后，才作为育苗用的床土。不可把尚未腐熟的栏肥、堆肥等直接施入苗床。

床土的酸、碱度对秧苗生长发育也有一定影响，辣椒秧苗适宜的土壤 pH 在 6～8 之间，即微酸性到微碱性的土壤都行，土壤酸性过强时，根系的吸收功能减退，磷等矿质元素被固定，根系不易吸收，土壤中有益微生物的活动也受到限制，使土壤肥力下降。土壤中碱性过大，直接对根有害，而且磷和锌、锰等微量元素的溶解度大大降低，不易被根吸收利用。

床土携带病原菌，对秧苗生长发育不利，苗床连作或苗床未经消毒、消毒不彻底都易诱发苗期病害，如猝倒病、立枯病、灰霉病等。

二、如何配制营养土

营养土是指用大田土、腐熟的有机肥、疏松物质（可选用草炭、细河沙、细炉渣、炭化稻壳等）、化学肥料等按一定比例配制而成的育苗专用土，也叫苗床土、床土。良好的营养土要求养分齐全充足、酸碱适度、疏松通透，保水能力强，无病菌、虫卵和草籽。

根据幼苗对床土的要求，必须合理、优化配制营养土（或培养土）。人工配制营养土的原料主要分两类：一是土壤，二是肥料，用园土、堆肥、厩肥、人粪尿、畜粪尿、河泥、塘泥、焦泥灰、草木灰、砻糠灰等配制而成，有时还加入石灰、过磷酸钙和其他化肥，以增加养分和调节酸碱度。

园土是配制营养土的主要成分，一般占 50％～70％。园土以沙壤土为佳，必须从最近 2～3 年内没有种过茄果类和瓜类蔬菜及烟草等作物的土地上选取，曾发生油菜菌核病的园地也不可取土。以免病菌传染，侵害秧苗，最好是从刚种过豆类、葱蒜类、芹菜或生姜等的地块取土，豆类在土中遗留根瘤，使土质较肥沃，葱、蒜类含硫物，可杀灭土中的一般病菌，生姜地施肥多，土质好，而且没有侵害茄果类的病菌。掘取园土时用 13～17 厘米以内的表层土，质量最好。

配制床土除土壤外，还须加入适量的肥料，这些肥料能够迅速和持久地供应秧苗的生长发育，还能改善床土的物理性状，从而为培育壮苗打下基础。

肥料有厩肥、堆肥、河泥、塘泥、泥炭、腐殖质、人畜粪、焦泥灰、草木灰、砻糠灰等有机肥和化肥。厩肥是我国各地常用的有机肥，它不但营养物质含量丰富，而且能改善土壤的物理结构，堆肥中以杂草、绿肥、作物秸秆、垃圾等物较多，有机质含量较多，对提高土壤的通透性有较好的作用。江南地区河塘较多，利用河泥、塘泥做苗床土肥料很普遍，河泥、塘泥使用前要经冰冻风化，这种陈河泥、塘泥质地疏松，含有较多的养分，无危害辣椒的病虫害和杂草种子是配制床土的好材料。未经风化的河泥和塘泥黏结成块，秧苗的根不能穿透进去，不可制培养土。在有泥炭、腐殖质的地区，利用泥炭和腐殖质作床土的肥料是很适宜的，泥炭中含有70%～90%的有机质，营养丰富，使用时不需要消毒，是很好的育苗肥料，在日本、美国、英国等国家配制床土几乎都使用泥炭作肥料成分。人畜粪的营养元素全面，一般是浇泼在园土中，让土壤吸收，经过一段时期后才用作床土，也可做堆肥分层浇泼在园土和垃圾上，一起堆置，人粪尿的施用量占床土的5%～10%。上述有机肥料在使用前必须充分腐熟发酵，通过发酵腐熟，一方面利用发酵产生的高温，杀灭肥料中的虫卵、病原微生物和杂草种子，减少苗期病虫和杂草危害，另一方面使有机物质分解变成秧苗能直接吸收利用的营养物质。

在南方红、黄壤土等土质酸度较高的地区，配制床土时要加适量的石灰，一方面起中和作用，降低酸度，另一方面可以增加土壤中的钙和促进形成土壤团粒结构，在黏土地区，床土里可加入10%～20%的粗砂，以降低土壤的黏性，提高床土的通透性。

焦泥灰和草木灰，不仅可增加钾肥，而且可使土壤疏松。砻糠灰主要是使土壤疏松，且使土壤颜色变深，多吸收阳光热，提高土温。焦泥灰等用量，约占培养土的5%～10%。

磷肥对促进秧苗根系生长有明显的作用，在配制床土时施入适量的过磷酸钙，对培育壮苗有良好效果。鸡粪含磷多，并含有较多的氮素和钾（干燥的鸡粪含磷酸3.8%，氮素3.6%，钾1.8%），在床土中施入鸡粪，可使秧苗粗壮。

下面介绍两个培养土配制方法的实例：

一种方法是园土50%～70%，陈河泥20%～30%，厩肥15%～25%，土质较肥时，园土所占比例较大，土质较瘦时，减少园土用量，增加河泥和厩肥的比例。配制时，选不积水的地方，先铺一层15～20厘米厚的园土，浇粪后，再铺一层7～10厘米厚的河泥，在河泥上再铺一层7～10厘米厚的厩肥，厩肥上又铺15～20厘米厚园土，并浇粪，其上又铺一层河泥和一层厩肥，照此重复，分层铺叠，到1.5米高，顶部盖草或旧薄膜防雨。每 100 千克土浇人粪尿约 5 千克或猪粪尿 10 千克，堆积后约经 2 个月，充分腐熟方可应用，同时从土堆的一侧，顺序向内掘进，使堆里的各层都均匀掘取，敲碎，过筛。

另一种方法是用 60％熟土、30％有机肥和 10％砻糠灰来配制营养土，10 月份前每亩用 500 千克氨水、500 千克猪粪尿、2000 千克人粪，再施入过磷酸钙 100 千克，然后充分翻掘拌，经 2 个月的发酵后，捣碎晒干备用。

各地可根据实际情况，根据秧苗对养分的需求，按照以上配制方法，合理配制床土。床土的使用，播种床的床土一般厚约 10 厘米，每平方米床面需用床土 100～120 千克，分苗床（也叫移植床）的床土一般厚 14～16 厘米，每平方米床面需用床土 150～180 千克左右。用于分苗床的床土要稍微黏些，便于掘取秧苗时容易带住土团和定植时不散坨，因此在配制分苗床土时应加大田土和优质粪肥的比例。

三、床土消毒

在实际生产中，土壤难免不带病菌，因此配制床土时，一定要进行消毒。一般常用的消毒方法有：

1. 药土消毒

常用 50％多菌灵或 50％甲基托布津，每平方米床土用药量 8～10 克。先将药剂与少量床土充分混匀，再与所计划的土量进一步拌匀成药土。播种时，2/3 药土铺底，1/3 药土覆盖，保证种子四周都有药土，可有效地控制苗期病害。

2. 福尔马林（40％甲醛）熏蒸消毒

用福尔马林加水配成 100 倍溶液喷洒床土，1 千克福尔马林原液配成的稀释液可处理 4000～5000 千克土壤，充分拌匀后堆置，再覆盖塑料薄膜闷 2～3 天，以达到充分杀菌的目的，然后揭开薄膜，经 7～14 天，待土壤中药气散尽后再使用。为了使药气容易散发，可把土堆弄散摊开。这种办法可预防猝倒病和菌核病等。

3. 药液消毒

用50%代森锌或多菌灵，加水200～400倍，配成稀释液，每平方米床土上面浇稀释液2～4千克。配制药液时加水量的多少，依床土的干湿情况而定，床土湿度大时少加水，床土较干则多加些水。可预防猝倒病和立枯病等土壤传播病害。

4. 高温消毒

夏季高温季节，在大棚或温室中，把床土平摊10厘米厚，关闭所有的通风口，中午棚室内的温度可达60℃，这样维持7～10天，可以消灭床土中的部分病原菌。在日本、美国、德国等国家育苗的床土普遍应用高温蒸汽消毒法。消毒时把床土上面盖上塑料薄膜等覆盖物，通入100℃的高温水蒸气，将土壤加热到60℃～80℃后维持15～30分钟，对猝倒病、立枯病、枯萎病等到多种病害有预防作用。

第四节　种子处理与播种

一、浸种

辣椒种子外皮坚硬、种皮厚，含有蜡质层，故不易透水，种子萌发时间长。为了促进种子发芽，使种子迅速出苗，出苗整齐，预防病虫害，增强抗性，播种前要进行种子处理，生产上种子处理包括浸种和催芽等。浸种、催芽应在播种前的3～5天进行。

水分是种子发芽的必要条件。种子只有在吸胀水后，氧气才容易透过种皮，促进种子内酶的活动和贮存物质的转化，在适宜温度条件下能快萌发、早出苗。

浸种的方法主要有清水浸种、热水浸种、药水浸种和微量元素浸种等，在生产实践中，要根据浸种的主要目的，采取不同的方法。

1. 清水浸种

用清水浸种促使种子在短时间内迅速吸水膨胀，如不催芽，直接播于苗床，与播种干籽相比可提早出苗。清水浸种的方法是：将种子浸入到清洁的常温水中，最好是用井水，如水温过低，也可以加适量的热水，水温可调至 20℃～30℃。把种子浸到清水中，然后搅动种子，把浮在水面上的瘪籽除去。倘若种子上沾有果肉和果皮等物，应先淘洗干净，再另换清水浸泡。浸种所使用的工具和清水不能有油污，否则会在种皮外和水面形成油膜，影响种子呼吸。浸种时水的用量，以种子全部浸没或水面略高于种子为宜。种子吸收水分后逐渐膨胀，等种子充分吸胀时，浸种工作结束，再反复多次搓洗，除去种皮外的黏液，用清水淘洗干净。稍晾后，以手摸清爽、不黏手、籽粒间不粘连为度。吹晾的目的是使种皮与胚间的水膜消失，以利透气，如不催芽，种子经晾干或拌砻糠灰后即可播种。

辣椒浸种时间为 4～5 小时，如浸种时间过久，种子吸水过多，氧气量少会影响种子发芽。浸种时间的长短与水温有关，在一定范围内，随着温度的增高，种子的吸水速度也加快，所以用温水浸种比用冷水浸种缩短时间。

2. 热水浸种（温汤浸种）

这是一种简便易行的浸种消毒方法，能杀死附着在种子表面和一部分潜伏在种子内部的病菌。

热水浸种前，先将种子放在常温水中浸 15 分钟，可促使种子上的病原菌萌动，容易烫死，然后将种子投入 55℃～60℃的热水中烫种 15 分钟，水量为种子体积的 5～6 倍。烫种过程中要及时补充热水，使水温维持在所需范围内，为使种子受热均匀，要不断搅拌，直至水温下降到30℃左右时才可停止搅拌，也可在达到规定的烫种时间后将种子转入30℃的温水中继续浸泡4小时左右。

在热水烫种过程中，水温和时间必须严格掌握，才能达到既杀死病菌，又不伤害种子的目的。处理时要用温度计一直插在热水中测定水温，以便随时按要求调节。

为了操作方便，种子量较少时，可先将种子装在纱布袋中(只装半袋，以便搅拌种子)，烫种时连袋浸入水中，达到规定时间后可迅速将种子转入30℃的温水中继续浸泡，种子数量较多时，可用细孔网篓代替纱布袋，便于操作。

3. 药水浸种

药水浸种是将种子浸入药水中一定的时间，杀死附着在种子表面的病菌，达到消毒的目的，这种方法应针对防治的主要病害而选取不同的药水处理，采用药水浸种时，就严格掌握药水的浓度和浸种时间。药水浓度过高或浸种时间过长，虽可杀死病菌，但也会伤害种子，影响发芽。如药水浓度过低或浸种时间太短，又达不到消毒灭菌的作用。种子浸入药水前，要用温清水先预浸4～5小时，种子在药水中浸过后要立即多次用清水冲洗。

(1) 硫酸铜浸种：先将种子用清水浸4～5小时，再用1%的硫酸铜液浸5分钟，取出种子用清水冲洗干净后再播种或催芽，或用1%的生石灰浸一下，中和酸性后再播种。也可以取出种子阴干后，拌少量熟石灰粉或草木灰，中和酸性后才播种。该法对防止炭疽病和疮痂病的效果较好。

(2) 升汞水消毒：先将在清水中浸泡4～5小时的种子，用0.1%升汞水消毒5分钟，取出种子用清水冲洗干净后，再催芽、播种或晾干备用。该法对防治疮痂病效果较好。

(3) 链霉素液浸种：将已在清水中浸泡4～5小时的种子，用1000毫克/千克的农用链霉素液浸种30分钟，水洗后才催芽。

该法对防止疮痂病、青枯病效果较好。

(4) 磷酸三钠浸种：用已在清水中浸泡过的种子，再用10%的磷酸三钠水溶液浸种20～30分钟，浸后用清水冲洗干净。该法防止病毒病效果较好。

二、催芽

把浸种吸胀后的种子，放置于适宜的环境条件下，促使发芽，称为催芽。辣椒属嫌光种子，在黑暗条件下发芽好。种子发芽时对缺氧较为敏感，水分过多氧气不足，种子的发芽率降低。辣椒在25℃～30℃的温度下，一般需3～7天才能发芽，温度降低则发芽推迟。陈种子发芽比新种子慢。在催芽过程中，还要经常保持种子湿润和通气。

催芽的方法各地不一。通常是把充分吸胀的种子，用干净的湿毛巾或布袋包好，放入盆钵中。盆底用小木条或竹竿搭成井字架，种子放在架子上。袋内种子不要太多，不宜包得太紧，要较宽松，种子袋也不要接触盆底，以免影响通气。种子袋上面再盖几层湿毛巾，以保持湿度。然后放置在适温处催芽，如室内的烟道、发热的堆肥、炉灶上等地方，有条件的地方最好放入催芽箱中催芽，能更好地控制温度，预计发芽日期。也有在饭锅中加温水，把盆钵放在温水上保温，此方法简便易行，温度较稳定，种子不会干燥，有利于发芽。还有一种利用电灯加温催芽的方法，将装种子的木桶置于水缸内，桶与缸之间垫稻草隔热、保温，桶内底部装适量的温水，水面上挂电灯泡，为使受热均匀，要在灯泡上面罩一块小木板，种子放在电灯上部的蒸架上，桶外再盖几层麻袋，即可做成土制催芽箱。这种催芽方法设备简单，管理方便，可适当调控温度，应用效果较好。另外还有一种简便易行方法，当种子数量少时，利用体温催芽，即把浸胀的种子用布包好后，再套上塑料袋，放在贴身的内衣口袋里，经过3天种子即可发芽。由于体温是很稳定的，所以体温催芽法比较安全。

采用以上方法催芽必须经常检查温度，既要防止温度过高烫伤种子，又要防止温度过低发芽缓慢。并每天翻动种子 2～3 次，使种子受热均匀，并观察湿度是否合适，以利种皮透气，如发现种子发黏，应立即用清水把种子和包布清洗干净，一般可每隔一天清洗一次，以免缺水和发霉。清洗后沥出水分，再继续催芽。

当有 50%～60% 的种子已露出白根，即停止催芽，可以播种。不可让芽过长，以免播种时折断。倘若在种子催芽时连续下雨，并估计几天内还不会放晴，则应降低催芽的温度，使播种日期推迟。

三、确定播种时间

辣椒的播种期，要根据当地的气候条件，不同的栽培目的、品种特性及育苗设施条件、育苗技术水平而定。

首先要确定一个较适宜的定植期和适宜苗龄。辣椒露地定植必须在终霜期过后，保护地栽培可适当提前，早春辣椒的日历苗龄一般为 80～90 天，生理苗龄为 8～10 叶为宜。因此，播种时必须考虑终霜期和苗龄，使苗育成后刚好可以定植到大田为宜。

长江中下游地区采用冷床育苗一般播种期在 10 月上旬至 1 月下旬均可，只要管理恰当，播种早，秧苗健壮，现蕾早，上市早，产量高，长沙市郊区菜农流行的要栽隔年秧子，也就是这个道理。由于温床有较好的加温和保护设施，因而能在较短的时间内培育出适龄生理大苗，因此其日历苗龄比常规苗缩短，播种期可适当推迟。电热加温床一般在 1 月上旬至 2 月下旬播种。如果选用早熟品种，并以早熟栽培为目的的可早播，选用中晚熟品种并以丰产栽培为目的，则可以迟播。另外，育苗设施和技术比较完善，供电充足，能有效地控制日历苗龄，可适当迟播，反之，适当早播。

四、确定播种量

辣椒的播种量要适当。播种量不足，出苗稀少，浪费地力；播种量过大，出苗过多，造成拥挤，不仅浪费种子，而且增加了间苗用工。播种量的多少要考虑种子的发芽率、净度和出苗率（种子出苗数与发芽数的比值）的高低来决定。一般情况下，在育苗床内种子的出苗率比发芽试验的发芽率要低，种子出苗后在适宜条件下成苗率可达 80%～90%，在条件不适宜的情况下往往还不到50%，这些情况在计算播种量时一定要考虑到。

播种量还取决于移栽株体的大小。如果移栽较早，移栽时的秧苗较小，可以密植，播种量就可大些，反之应小一些。此外，还应考虑到苗期的病虫害、鼠害等因素，适当增加播种量。通常计算播种量利用下列公式：

播种量(克/米^2)＝株数/平方米÷(发芽率×净度×成苗率×粒/克)

辣椒播种量一般为 10 克/米^2。

五、播种

播种前苗床应浇足底水，使床土含有充足的水分，以供给种子发芽出苗。长江中下游地区采用冷床育苗播种时浇足底水的标准是要求 8～10 厘米内的土层都湿润，这样的水量可以维持到出苗前不必浇水。如果水量过大，会使地温下降太多，土壤里空气缺乏，造成出苗慢，幼苗出土子叶发黄，根系发育不良，会出现锈根或烂根现象，还常常引起猝倒病的发生。如果浇水量过小，由于土壤干燥会影响种子发芽出苗，特别是夏天播种，会使已发芽的种子死芽，即使幼苗出土其子叶也小而短，幼茎短小，生长慢，必须浇水补救，但冬春浇水容易引起幼苗徒长和降低地温，因此，必须准确掌握浇水量。底水全部渗下去之后，要先在床面撒一薄层过筛的细土，以防播种时种子外层裹上泥浆，影响呼吸和出苗，然后再播种。

辣椒一般采用撒播，为使种子播得均匀，可用砻糠灰、干土或细煤灰与种子拌和后再播，播后要及时覆过筛的营养土1～1.5厘米厚。覆土的主要作用是保护种子的幼芽，使幼芽周围有充足的水分、空气和适宜的温度，不致风干、日晒致死，为幼苗提供营养，覆土还有助于子叶脱壳出苗，并要求全床厚度一致。覆土过薄，可使空气容易渗入，温度升高快，但是水分蒸发也快，土壤易干燥影响种子发芽出苗。覆土过厚，种子周围的水分容易保持，但是空气渗入减少，温度升高缓慢，不利于种子出苗。覆土后再盖一层地膜，可起到保温保湿的作用。夏播宜盖稻草、秸秆，保湿降温。

冬春播种宜选晴天上午，有利于播后提高床内的温度，冷床育苗要随即盖上塑料薄膜或玻璃框，在大棚或温室内育苗最好加盖小拱棚，以利尽快出苗。

六、播种应注意的问题

1. 播干籽还是催芽

这应根据具体情况灵活掌握，它一般与播种时间的早晚、育苗设施和技术的完善程度及当地的气候条件有关。我国北方整个冬天的气温较低，春天气温回升慢，故一般都要催芽。长江中下游地区播干籽和催芽都可以，一般播种早时采用播干籽较好，播种迟时采用催芽较好。这是因为播种早，当时的气温还较高，干籽播下去后，能较好地在床中萌动发芽，不必经过催芽。在严寒前夕，一般也要播干籽，因为种子发芽后，种子内的养分耗尽，但幼苗本身还不能进行光合作用，故这段时间秧苗的抵抗力最差。催芽播种，若播种后不久马上遇低温严寒易发生秧苗冻害；若干种子播种，萌动种子抗寒性较强，即使遇低温，也只停止生长，不会发生冻害。播种较迟，冷床内的温度一般低于辣椒种子的最适发芽温度（28℃～30℃），因此，催芽可加快幼苗的生长速度，提早开花结果。电热加温床和酿热物温床，即使床内温度可达到发芽的最适温度，但采用催芽的加温空间明显小于播种床，故催芽能极大地节约能源。夏季播种一般播浸泡过的种子，不一定要催芽。

2. 土面板结

播种后床土表面干硬结皮，称为土面板结。土面板结阻碍了空气流通，妨碍种子发芽时的呼吸作用，不利于种子发芽和幼苗根系生长，即使种子已发芽，由于土壤中缺乏空气，幼根也生长不好。此外，土表板结后，幼苗被板结层压住，不能顺利钻出土面，不能及时照到阳光，致使幼苗茎细弯曲，子叶发黄，成为衰弱的畸形苗。

土面发生板结的原因，一方面是由于土质不好；另一方面是由于浇水方法不当。土壤质地黏重，腐殖质含量少，结构不良时很易发生板结现象。所以，在配制床土时要用含腐殖质多的堆肥、厩肥搭配到土中去，种子上覆盖也要用这种培养土，并可加入砻糠灰或腐熟牛粪，可有效地防止土面板结。

播种前苗床应浇足底水，播种后至出苗前不浇水也是防止土面板结的措施之一。如果床土太干非浇水不可时，切忌大水漫灌，可用细孔喷壶洒水，洒水时从苗床的一端开始，顺序向另一端洒过去，一次浇足，不要多次来回重复浇，这是因为较干的土粒受水冲击时不易破碎，如土粒已潮湿再受水冲击，就易破碎，造成板结。

3. 不出苗

播下的种子不出苗主要有两方面的原因：一是种子质量低劣，二是苗床的环境条件不良。丧失发芽力的种子，或带病种子在发芽过程中受病菌危害而死亡，均不能正常出苗，需重新播种。因床温过低，床土过干或过湿导致的不出苗，只要改善环境条件，仍可出苗。所以播种后经一定时间仍不出苗，应拨开床土检查种子。如种子不腐烂，剥开种皮观察种胚仍是白色有生气，应分析限制发芽的原因，采取相应措施，就可促使种子发芽和出苗。

4. 出苗不整齐

出苗不整齐表现在两个方面。一是出苗时间不一致，早出土的和迟出土的苗期相隔很多天，对已出土的苗必须光照，并要降低苗床的温度和湿度，以防徒长；而对尚未出土的还须保持较高的温度和湿度，这样在管理上就会顾此失彼，而且以后在同一苗床内幼苗的大小不一致，增加了管理的难度。造成这种状况的原因主要是种子的成熟度不一致，新旧种子混合，或贮藏过程中一部分种子受潮、消毒不彻底而受病虫侵害，或催芽时淘洗、翻动不均匀，温湿度掌握不当等，都会造成种子发芽不齐。

播种技术和苗床管理不善，苗床内的环境条件不一致也是造成出苗先后差异的原因。如床土表面不平，底水浇得不均匀；受光不均导致温度不同，苗床向阳处比背阴处温度高，出苗快；地热线布线不合理，线密处温度高，出苗快；播种后覆土厚薄不一致，厚处生长速度慢，出苗晚；苗床保温条件差，有的地方盖不严，漏风而温度低，影响出苗；棚膜破损，经常漏雨，局部床土过湿，造成低温高湿，不利于出苗；床土不够腐熟，带有病菌或有蝼蛄、蛴螬、老鼠等危害等，都是造成出苗时间早迟不一的原因。

另一种情况是苗床内出苗的分布不均匀，有的地方出苗过多，造成拥挤；有的地方出苗过少，造成苗床浪费。造成这种情况的原因，主要是播种技术不过关，播种不均匀的缘故；其次是有的地区播种时采用先播后浇水的方法，压力过大的水直接冲击种子，使种子分布不均匀，此外，病虫害和鼠害也可引起出苗疏密不一致。

针对上述原因，采取以下对策：播前进行发芽实验，选用成熟度一致、发芽势强、发芽率高的优质种子；种子一定要消毒，不能用带菌种子直接播种；浸种催芽过程中勤翻动，严格把握温湿度；严格选择并配置好营养土，对床土消毒处理，利用药土保苗，并注意防治病虫鼠害；严格播种质量，整平床土，浇好底水，播种均匀，覆土一致；播种后加强管理，保证苗床各部位温度、湿度、透气性一致。

5. 顶壳

有时辣椒幼苗出土后，种皮不脱落，夹住子叶，称为顶壳或戴帽。由于子叶不能顺利展开，妨碍光合作用，使幼苗营养不良，成为弱苗。

造成幼苗顶壳的原因主要是在出土过程中表土过干，使种皮干燥发硬的缘故。播种时覆土太薄，种皮容易变干；或覆土的容重轻压力太小，不能固定种皮，也会使幼苗带壳出土。此外，种子质量不好，成熟度不足，贮藏过久或受病虫危害等，种子生活力弱，出土时温度过低，都容易发生顶壳现象。

防止幼苗顶壳的措施主要有以下几点：首先要选择健壮饱满的种子。在播种前要浇足底水，以便在出苗前保持土壤足够湿润。播种后覆盖土厚度以 1 厘米为宜，覆土要均匀，覆土后要及时盖膜保湿，使种皮柔软易脱落。幼苗顶土并即将钻出地面时，如果天晴，可在中午前后喷洒一些水。对顶壳的幼苗，可在早期少量洒水，于苗床湿度较大、种皮较软时人工辅助脱壳。

第五节　苗期管理

一、播种到幼苗出土前的管理

出苗前苗床温度应保持在25℃～30℃，使种子尽快发芽、破土，长出新根。冬季或早春播种后，应采取适当的保温保湿措施。酿热温床要达到辣椒种子的发芽最适温度一般不成问题，但若填入的酿热物较少或用冷床，则仍需利用日光热和做好苗床保暖措施。播种前的2～3天内，白大密闭盖窗或盖膜，使阳光照入床内，提高床温，夜间在窗上或膜上盖草帘保温。播种宜选在晴天中午前后进行，注意要浇足底水，可用温热水或深井水浇，最好不要用塘水或河水，以免降低苗床温度。播完后即在床土上覆盖薄膜，以便在出苗前保持土壤足够湿润。当约80%的种子破土出苗时，将覆盖在苗床上的薄膜揭除，夜间用竹子将薄膜拱起封好保温。

夏季播种后，应注意降温保湿，主要是用遮阳网、作物秸秆等搭遮阴棚或利用高秆作物遮阴降温。还需多次浇水，保持土壤湿润，特别注意防止床土表面板结。

二、炼苗

冬春育苗，在幼苗出土后，为了使子叶变得厚实、平展，叶色浓绿，茎秆粗壮，提早花芽分化和现蕾，幼苗的抗寒性和抗病性得到增强，必须经过一段时间的低温锻炼即炼苗。要逐渐降低床温，降温的程度以不妨碍幼苗生长为准，白天床温可降到15℃～20℃，夜间降到5℃～10℃，直到露出真叶。降温的措施主要是停止加温，晴天的中午揭窗、揭膜通风，降温应是一个渐进的过程，若原来床温较高，突然温度降低很多，往往使幼苗受害。降温时可根据幼苗形态变化考察温度是否合适，若幼苗的子叶向上挺举后又展开，表示尚可忍耐该时低温，若子叶发生卷曲，表示温度已偏低，若子叶下垂，则幼苗已受冷害。出苗在严寒季节，床温已偏低，则不必进行低温锻炼。

三、播种床幼苗的管理

播种床幼苗管理是指从出苗到分苗期间的管理，主要是控制温度、增强光照、调节湿度、间苗防病等，目的就是要创造适合幼苗生长发育的环境条件，并通过控制环境条件来控制幼苗的生长发育，为辣椒生产培育壮苗。

1. 控制床温

为了促进出苗快，出苗整齐，出苗前苗床要维持较高的温度和湿度。幼苗出土后，要逐渐降低床温，进行炼苗，直到真叶露出。当露出真叶后，应把床温提高到幼苗生长发育的适宜温度，一般控制白天 25℃、夜间 15℃左右。幼苗长出 2～3 片真叶时，将要进行假植，假植前 3～5 天应当降低苗床温度，使幼苗能适应假植床的温度条件，白天加强通风，控制日温在 20℃～25℃、夜温在 10℃～15℃。

在育苗初期苗床温度一般保持在 20℃左右，会有很好的保苗效果。但随着外界气温的逐渐下降，苗床温度也会下降，从而会影响育苗的成败，因此在没有加热设施的日光温室或大棚，12 月至次年 2 月关键就是如何尽可能地提高和保持苗床温度。可采取在温室或大棚里面搭中拱棚、中拱棚内扣小拱棚的措施，夜间还可在中拱棚外加盖草苫，此法可增温 2℃～5℃。密切关注天气预报，如遇寒流或连阴的雨雪天，草苫上再盖一层塑料膜，这样能起到很好的防寒效果。进行多层覆盖后，一般白天应逐层揭膜让幼苗充分见光，让土壤充分蓄热，下午再盖膜保持棚温。

2. 加强光照

种子发芽出土后，贮藏在种子内的营养逐渐耗尽，生长发育所需的全部营养由植株自身制造。因此给予充足的光照，保证光合作用的顺利进行，对培育壮苗有十分重要的意义。如果光照不足，光合作用弱，秧苗的营养不足，在外表形态上表现为叶色淡，叶柄较长，茎细长，子叶过早萎黄、脱落等，这种幼苗抗逆性差，丰产潜力不大。

冬春育苗，雨雪天气多，光照强度弱，加上育苗设施的遮光等因素，育苗期间普遍存在着光照不足的问题。为了使苗床多照阳光，改善光照条件，育苗设施应尽可能采用透光率高的覆盖物，并保持覆盖物的清洁，玻璃和塑料膜要经常擦刷干净，注意通风，防止塑料膜上凝有水珠，在保温的前提下，对覆盖物尽量早揭、晚盖，延长光照时间。在揭开覆盖物时，要防止冷风直接吹入苗床，造成幼苗受冻害。

3. 调节湿度

幼苗根系较少，吸收能力很弱，因此，苗床内的水分一定要充足。但苗床湿度太大，冬季、早春土温不易升高，水分充满土壤中的孔隙妨碍根的呼吸作用，幼苗的根生长不好，成为弱苗，且很容易受冻害和发生苗期猝倒病，严重时几乎整畦苗子死亡。床土湿度过低也不好，特别是夏季育苗，幼苗得不到足够的水分，生长发育受抑制，往往成为僵苗，生产上要防止冬春苗床内湿度过高，夏季苗床湿度过低。床土湿度过高时，可采取通风降湿和撒细干土、草木灰或炉渣灰吸湿的办法，这样可以起到降湿、促生根、防病、保苗作用，效果很好。在苗床开窗、揭膜通气时，床内湿度高，较温暖的空气排出，并换入较冷的空气。由于冷空气的绝对湿度较低，而且它进入苗床之后，由于温度升高，使它的相对湿度降低并从周围吸收水分，随着床内和床外空气的不断交换，苗床湿度便逐渐降低。在晴天中午，当棚内温度超过20℃时，可适当通风降湿，但时间不可太长，风口不可太低，防止冷风闪苗。通风降湿要兼顾保温，要考虑当时的天气状况，以幼苗不受冻害为前提。在潮湿的床土上撒一层干细土或草木灰，可起到吸收水分、降低湿度的效果。土要细，必须充分捣碎过筛，以干燥的堆肥为好，在幼苗叶面干燥时进行，撒完后用小扫帚轻轻将辣椒苗上的土或灰掸掉，不污染叶面，每平方米床土撒0.5千克左右。冬春床土湿度过低，可适当浇水，应少浇勤浇，浇水时间应选在晴天的上午10～12时，此时温度为一天中最高，浇水造成降低的床温易回升，通过苗床通风，还可以使淋在幼苗上水滴蒸发防止病害发生。忌傍晚或阴雨天气浇水，一是床温不能回升，二是淋在幼苗上的水滴不能蒸发掉，病菌易侵入幼苗。忌浇水量过多，造成床土湿度过大，合理的浇水量是水渗下后，幼苗根系周围的土壤湿润，床土表层湿度较小为好，浇水只浇干燥缺水的地方，判断标准是床土快要发白，翻开表土，床土结构松散。夏季育苗土壤易干旱，应经常浇水，防止幼苗因缺水而萎蔫，浇水一般在上午9时以前，下午5点以后，忌高温浇水，因高温浇水，会引起生理失调。

4. 中耕间苗

幼苗期间，应注意松土，使床土的表层疏松，防止板结，减少水分蒸发，保持床土湿度。通过松土，有利于床土中特别是酿热温床中的二氧化碳废气排出，氧气进入土中，根系发达，吸收作用加强。松土时常用竹签把苗间的表土撬松或用铁钉、铅丝等别的小耙把苗间的表土耙松，松土不可过深，避免损伤根系。结合中耕应拔除过密的苗子，使留下的幼苗有适当的空间和土壤，促使其生长健壮，如果不及时间苗，幼苗由于过分拥挤，相互遮阴，很容易徒长成高脚苗。辣椒第一次间苗在子叶平展期，决定苗间距离，则以在假植前幼苗不会拥挤争夺空间为宜。为防止苗期发生病害，形成高脚苗，应间苗2～3次。间掉的苗一般为受伤的、畸形的、顶壳的苗和瘦小的苗。

间苗的同时也要拔草。间苗拔草后床面凹凸不平，为了保护根系，保持水分，应在间苗、拔草后撒一些细土，弥合间苗拔草造成的土壤裂缝。

5. 适当追肥

苗床用肥应以基肥为主，控制追肥。因为追肥会加大床土湿度，不利于培育壮苗，故一般不追肥。但在床土不够肥沃，秧苗出现缺肥症状时，应及时追肥。追肥与浇水一样，要选在晴天无风的上午10～12时进行，以有机肥和复合肥为主。若用人畜粪尿，必须充分腐熟，并滤渣，浓度以10～12倍水稀释液较好；复合肥可用含氮、磷、钾各15%左右的专用复合肥，浇施浓度为0.1%～0.2%，切忌浓度过高。

四、假植

随着幼苗的不断长大，苗间的距离已不能适应继续生长的需要时，须把幼苗移植到新设置的苗床中去，这一措施称假植，也叫分苗。假植可避免幼苗拥挤，有利于侧根的发生，培育壮苗。

1. 假植的意义

假植主要是为了扩大苗株间的距离，使幼苗有足够的空间和床土发展茎叶和根系，防止幼苗相互遮阴和床土营养不足，因此，经过假植的辣椒苗比未假植的辣椒苗根系发达，生长健壮，节间密，开花、结果节位低，辣椒上市早。此外，在起苗时，幼苗的主根被切断，可以促进以后多发侧根，并使根系密集分布在主干附近的土壤中，在以后定植拔苗时，根系受损伤较少，容易成活。此外，辣椒育苗播种时间较早，有时会出现苗床里的秧苗已经很拥挤，但外界的气温还很低，终霜期未过或长期阴雨天气土地未整好，无法定植时，通过假植，可起到缓苗的作用，防止定植时辣椒苗过大。

2. 假植的时期

辣椒幼苗假植可根据日历苗龄和生理苗龄而进行，日历苗龄一般为50～60天，由于温床条件好，幼苗生长发育快一些，可适当比冷床早10～15天假植，生理苗龄以2～4片真叶时最佳。因这时根系发达，幼苗抗逆性较强，易于恢复，过小不利于成活，过大，则易造成幼苗拥挤徒长。假植宜在晴朗无风的天气上午10时至下午3时之间进行，此时气温高，根系活跃，易发新根，伤口易愈合，成活率高。

3. 假植的方法

假植前3～4小时幼苗要浇"起苗水"，以利于起苗时减少伤根，促进缓苗。起苗时尽可能少伤根，并带有少量土壤。应握住幼苗的子叶，不可握胚茎，因胚茎脆嫩，很容易被捏伤，苗就长不好，子叶是幼苗最初进行光合作用的器官，它的发育好坏，对幼苗的健壮有直接的影响，所以对子叶也要小心保护，防止损伤。尽量减少损伤，防止病菌的侵入也是培育壮苗的一个重要措施。苗取出后要立即移栽，防止受冻和日晒干旱的伤害。如果不能马上栽要把掘起的苗用湿布覆盖。栽植宜浅，一般以子叶高出土面1～2厘米为宜，过深不但伤害子叶，而且影响根系发育；过浅幼苗易倒伏。假植后要浇足水，增加床土湿度，使土稍稍沉下与根紧密接触。浇水量以浇水后幼苗根系到达的土层湿透为止，做到边假植边浇水，浇水应一次浇透，不可来回浇，用细孔喷壶浇。因为来回浇，易使表土板结，水不容易渗透下去。栽植的密度以10厘米×10厘米为宜，浇水后要及时覆盖薄膜，以保持土壤和空气湿度。

为保护根系和有利于定植操作及定植后的缓苗，在条件较好的地区，可采用营养钵或营养土块分苗。在营养钵中装入营养土，栽好幼苗后浇水，以浇透营养钵为度，不能大水漫灌。营养土块分苗，即在分苗当天将营养土掺水和成泥，在整好的畦底先铺一层细沙或灰渣作为隔离层，再将和好的泥平铺在畦内，约10厘米厚，然后切成10厘米见方的泥块，在每一泥块的中间戳一小穴，将辣椒苗栽入穴内，栽后用细土填缝。

五、假植后幼苗的管理

假植后幼苗管理可分为三个时期：即缓苗期、旺盛生长期和炼苗期，各期的管理技术要点如下：

1. 缓苗期

假植后，幼苗根系受到一定程度的损伤，大约需要5～7天才能恢复，这个时期就是缓苗期。此期内主要是促发新根，逐步恢复根系的吸收功能，而地上部即茎叶无明显变化。为了促进根系恢复，应适当提高棚内的温度和湿度，力求地温18℃～20℃，气温白天保持在25℃～30℃，夜温20℃，相对湿度在85%以上。当地温低于15℃时，采取的措施主要是加强覆盖，闷棚2～3天，基本上不通风，这样在提高保温效果的同时，还可提高空气湿度，抑制植株蒸腾，有效地防止了幼苗因失水过多而严重萎蔫，促进了伤口的愈合和新根的发生。当翻开土层，老根上发生白色绒毛时，即可白天揭开薄膜通风见光，晚上仍要覆盖，揭膜应逐渐进行，不可突然全部揭开，也不可逆着风向揭膜，否则易造成幼苗萎蔫。当幼苗心叶开始生长时，表明幼苗已发生新根，缓苗期结束。

2. 旺盛生长期

经过缓苗期后，根系的吸收功能得到恢复，此期主要是为幼苗提供适宜的温度、较强的光照、充足的养分和水分，促进幼苗旺盛生长。为防止徒长，此期内温度可比缓苗期略低，一般可降温4℃～5℃，即保持白天气温20℃～25℃，夜间气温15℃，地温在13℃～15℃。冬春育苗，此期普遍缺少光照，湿度较高，因此，晴天要加大通风量和延长通风时间，做到早揭膜，晚盖膜，阴雨天也要抓住停雨时间通风见光 3～4 小时。因这一时期幼苗的生长量最大，根系吸收水分和养分的量也大，故在晴天中午适当施肥、浇水，浇水量不宜多，以湿透根系所在的土层为宜。阴雨天床土不太干，一般不浇水，后期温度高，幼苗叶片大，蒸发量大，可加大浇水量，浇水宜在上午 9～10 时、下午 4～5时进行，不宜中午高温浇水。此期可结合浇水追肥 2～3 次，以满足幼苗生长需要。一般以施充分腐熟发酵的人畜粪尿，稀释 10 倍为好，使用前应滤去渣，也可追施 0.2%左右的氮、磷、钾复合肥，还可进行叶面施肥，通常喷施浓度为 0.1%～0.2%的尿素或磷酸二氢钾水溶液，浓度不可过高，否则易烧苗，也不可偏施氮，防止幼苗嫩弱。结合浇水施肥，还应进行 2～3 次中耕除草，此时中耕宜浅中耕，以不伤根为度，有利于改善土壤的透气状况和肥水渗入，减少水分蒸发，提高地温，降低空气湿度和病害发生。铲除杂草，可为幼苗生长提供有效空间和节约养分。

这一时期，气温逐渐回升，应及时通过调整覆盖物的揭盖时间和放风量来调节分苗床的温度和湿度，防止幼苗徒长，培育壮苗。随幼苗生长和气温升高，逐步早揭晚盖，增加幼苗光照时间和控制保护地内温度在适宜生长温度范围内。在阴天也要掀开不透明覆盖物。

3. 炼苗期

为提高幼苗对定植后环境的适应能力，缩短定植的缓苗时间，在定植前 1 周左右应进行秧苗锻炼。即逐渐降温至白天气温 15℃～20℃、夜间 5℃～10℃，在幼苗不受冻害的限度内，应尽可能地降低夜温。不论日夜都要将塑料膜或盖窗揭开，使秧苗接受露地的低温锻炼，适应露地的生态环境。但温度的降低应逐步加强，不可突然降低过多，造成秧苗冻害，若秧苗出现徒长或生长过快，外界的气温又较高时，可通过适当控水，阻止幼苗过旺生长。因此在定植前 2 周应加大通风量和延长通风时间，甚至白天全部揭开，只是晚上为防霜冻，仍将塑料膜或盖窗盖上，这点对于原来已经徒长的秧苗应特别注意。若遇大的降温或降雨也应及时覆盖，防止椒苗受冻和在高湿度下徒长、发病。

六、辣椒幼苗期常见问题以及解决办法

辣椒幼苗期常出现沤根、烧根、徒长苗、老化苗、烧苗、闪苗、倒苗、药害和气（烟）害等问题，分析研究问题发生的原因，提出有效的防止措施是苗期管理的重要任务。

1. 沤根

幼苗根部长时间不发新根，不定根少或完全没有，原有根系表皮发黄，逐渐变成锈褐色而腐烂即为沤根。沤根初期，幼苗叶片变薄，阳光照射后白天萎蔫，叶缘焦枯，逐渐整株枯死，病苗极易从土中拔起。

（1）发生原因：沤根多发生在幼苗发育前期，苗床土壤湿度过高，或遇连阴雨雪天气，床温长时间低于12℃，光照不足，通风排湿不及时，氧气供应减少，幼苗生理活性降低，妨碍根系正常发育，甚至超过根系耐受限度，使根系逐渐变褐死亡。

（2）防治方法：防治沤根应从育苗管理抓起，宜选地势高、排水良好、背风向阳的地段作苗床地，床土需增施有机肥兼配磷钾肥。出苗后注意天气变化，特别是连续阴雨天不要浇水，做好通风排湿，可撒干细土或草木灰降低床内湿度，同时认真做好保温，加速根系发育，促进幼苗健壮生长。可用双层塑料薄膜覆盖，夜间加盖草苫。一旦发生沤根，及时通风排湿，增加蒸发量；勤中耕松土，增加通透性；苗床撒草木灰加3%的熟石灰，或1∶500倍的百菌清干细土，或喷施高效叶面肥等。

2. 烧根

系栽培管理技术不良而人为造成的生理性病害。根尖发黄，不长新根，但不烂根，地上部分生长缓慢，矮小脆硬，不发棵，

叶片小而皱，易形成小老苗。

（1）发生原因：烧根现象多发生在幼苗出土期和幼苗出土后的一段时间，多与床土肥料种类、性质、多少紧密相连，有时也与床土水分和播后覆土厚度有关。如苗床培养土中施肥过多，肥料浓度高则易产生生理干旱性烧根；若施入未腐熟有机肥，经灌水和覆膜，土温骤增，促使有机肥发酵，产生大量热量，使根际土温剧增，也易导致烧根；若施肥不匀，灌水不均以及畦面凸凹不平亦会出现局部烧根；若播后覆土太薄，种子发芽生根后床温高，表土干燥，也易形成烧根或烧芽。

（2）防治方法：苗床应施用充分腐熟的有机肥，不施用过多化肥，一定要控制施肥浓度。肥料施入床内后要同床土掺和均匀，整平畦面，使床土虚实一致，并灌足底水。出苗后宜选择晴天中午及时浇清水，稀释土壤溶液，封闭苗床，促使增生新根。出现烧根的，适当多浇水，降低土壤溶液浓度，并视苗情增加浇水次数。

3. 徒长苗

也叫高脚苗，是苗期常见的生长发育失常现象。徒长苗的茎纤细，节间长，叶薄而大，叶色淡绿，组织柔嫩，根系不发达；抗性差，容易受冻和发生病害；定植后缓苗慢，成活率低，花芽分化及开花期延后，易落花落果，难以获得早熟和丰产。

（1）发生原因：主要原因是光照不足和温度过高、湿度过大。由于阴雨天过多、光照不足，幼苗生长衰弱，加之通风不及时，床温偏高、湿度过大，特别是夜温高，消耗的养分多，使苗更瘦弱。另外氮肥施用过量，杂草清理不及时，播种密度和移苗密度过大，也是形成徒长苗的主要因素。

（2）防治方法：选择透光性好的棚膜，并注意保持其洁净，以提高透光率，增强光照；光照不足时宜延长揭膜见光时间。根据幼苗各个生育阶段的温度要求，及时做好通风工作，尤以晴天中午更要注意，适当降低夜温，使夜温保持在15℃～18℃。苗床湿度过大时，除加强通风排湿外，可在育苗初期向床内撒细干土。依苗龄变化，适时做好间苗移苗，以避免相互拥挤。如有徒长现象，可用50％矮壮素或25％多效唑1000倍液进行叶面喷雾，苗期喷施2次，可控制徒长，增加茎粗，并促根系发育，喷雾宜早、晚间进行，处理后可适当通风，禁止喷后1～2天内向苗床浇水。多喷几次1∶1∶200倍波尔多液，有很好的防病、壮苗，防徒长效果。

4. 老化苗

秧苗的生长发育受到过分抑制时，常成为老化苗或僵苗。这种苗生长缓慢或停滞，植株瘦弱，茎秆细硬，节间短，叶片小，叶色深暗无光泽，组织脆硬无弹性，根系老化生锈，不易发生新根，定植后发棵慢、长势弱，容易落花落果、产量低，在冷床育苗中常出现秧苗老化现象。

（1）发生原因：床土长期过干，床温过低，苗龄过长，炼苗过度；用育苗钵育苗时，因与地下水隔断，浇水不及时而造成土壤严重缺水；苗床土壤施肥不足，肥力低下（尤其缺乏氮肥）、土壤质地黏重等不良栽培管理因素是形成僵苗的主要因素。另则透气性好，但保水保肥很差的土壤，如沙壤土育苗，更易形成小老苗。若育苗床上的拱棚低矮，也易形成小老苗。

（2）防治方法：宜选择保水保肥力好的壤土作为育苗场地；配制床土时，既要施足腐熟的有机肥料，也要施足幼苗发育所需的氮磷钾营养，尤其是氮素肥料尤为重要；灌足浇透底墒水，适时巧浇苗期水，使床内水分（土壤持水量）保持在70％～80％左右。苗龄适宜，蹲苗适度，低温炼苗时间不能过长；对于已发生僵化现象的秧苗，除了采取提高床温，适当浇水等措施外，还可喷施10～30毫克/升的赤霉素或叶面宝等，每平方米用稀释的药液100克左右，喷后约经7天开始见效，有显著的刺激生长作用。

5. 烧苗

是苗期湿度管理不善而造成的一种高温生理灾害，发生快、受害重，有时几小时就可造成整床幼苗骤然死亡。烧苗之初，幼叶出现萎蔫，幼苗变软、弯曲，进而整株叶片萎蔫，幼茎下垂，随高温时间延长，根系受害，整株死亡。

（1）发生原因：多发生在气温多变的育苗管理中期，高温是发生烧苗的主要条件，尤其是晴天中午若不及时揭膜，实施通风降温，温度会迅速上升，当床温高达 40℃以上时，容易产生烧苗现象。烧苗还与苗床湿度有关，苗床湿度大烧苗轻，湿度小烧苗则重。

（2）防治方法：经常注意天气变化，晴天要适时适量做好苗床通风管理，使床温白天保持在 20℃～25℃。若发生烧苗，切勿大通风，先在背风方向开口通风，通风口由小到大逐步进行。也可用秸秆等物进行适当遮阴，待苗床温度逐渐下降后采用浇水措施，最为有效的是结合浇水轻量补肥。

6. 闪苗

是因苗床管理不善，幼苗不能迅速适应温湿度的剧烈变化而导的一种生理失衡的病变。其症状是揭膜之后，幼苗很快发生萎蔫，继而叶缘上卷，叶片局部或全部变白甚至干枯，但茎部尚好，严重时也会造成幼苗整株干枯死亡。这种现象是在揭膜后不久即发生的，好似一闪即伤一样，所以叫“闪苗”。它发生于整个幼苗生长期，尤以缺乏育苗经验与技术之人最易发生此种现象。

（1）发生原因：当苗床内外温差较大，且床温超过 30℃时，猛然大量通风，空气流动加速，引起叶片蒸发量剧增，失水过多，形成生理性干枯。同时因冷风入床内，幼苗在较高的温度下骤遇冷流，也会很快产生叶片萎蔫现象，进而干枯，亦称冷风闪苗或“冷闪”。

(2) 防治方法：当床温上升到20℃以上时，注意及时通风，通风应从背风面开口，通风口由少增多，通风量由小渐大。通风量的大小应使苗床温度保持在幼苗生长适宜范围以内为准。用磷酸二氢钾等对叶面和根系追肥。

7. 倒苗

最常见的倒苗是由猝倒病和立枯病引起的，根茎处缢缩而倒伏，病部先有白色或淡褐色霉状物。

(1) 发生原因：苗床过湿，幼苗过密，间苗不及时，有利于真菌病原菌的发生和蔓延；营养土未消毒或消毒不彻底，施用未腐熟的有机肥；连续阴雨，光照不足，长时间低温，通风不良等。

(2) 防治方法：对床土、种子进行消毒处理，选用腐熟有机肥，减少接触病原菌的机会；播种不能过密，播后用药土覆盖，及时间苗；疏松床土，控制浇水，或经常在苗床上撒干草木灰或细土来降湿；结合药剂防治，先带土清除病苗，再用800～1000倍的75%百菌清、50%多菌灵或65%代森锰锌喷雾，7～10天1次，连喷2～3次。

8. 药害

苗期是农药的敏感生育期，耐药性较差，很容易发生药害而出现斑点、焦黄、枯萎乃至死亡。

(1) 发生原因：错用农药；浓度过高，或浓度正确但重复用药间隔时间过短；施药时气温高、湿度大、光照强；不恰当混用药剂等。

(2) 防治方法：正确选用农药品种，不乱混乱用，要随用随配，浓度和次数适当；用药时，要看天、看地、看苗情，避过不利天气、不良墒情、不壮苗情，施药质量要高，喷洒均匀、适度；出现药害后，加强肥水管理，及时缓解。

9. 气（烟）害

育苗中叶片出现水渍状斑，叶内组织白化、多褐斑并最终枯死的现象，是肥料中的毒气如氨气、亚硝酸气体，燃料中的毒气如乙烯、氯气等造成的气（烟）害。

（1）发生原因：施肥不当，或加温时燃煤中的烟气漏出，或塑料膜使用中放出乙烯等毒气。

（2）防治方法：合理施肥，避免一次性施用过量的速效氮肥；育苗前进行温棚消毒，加温时使用优质煤并防止烟道漏烟；选用优质农膜，及时通风换气或更换农膜；经常检查，如用精密 pH 试纸检测，及时采取管理措施。

第六节　工厂化育苗及壮苗的标准

一、工厂化育苗的主要设施

工厂化育苗的设施主要包括催芽室、绿化室、移苗大棚三大部分，简称三室配套式结构类型。

1. 催芽室

是专供种子催芽和出苗用的，具有良好的保温保湿性能。具体结构要求如下：

（1）体积：根据催芽室应具有良好的保温保湿性能的要求，在不影响育苗任务的前提下，催芽室的体积应该以“小”为原则，具体的可以根据本单位的果菜类蔬菜种植面积多少来决定。一般地说，种植面积在 100～150 亩范围内，催芽的内净体积为 4～6 立方米，不宜过大。其规格为：内径长（即进深）1.4 米×宽 2 米×高 2 米＝5.6 立方米，可放 6 个育苗架，60 只育苗盘一次催芽，约可解决 30 亩辣椒大田用苗。如果要使催芽室的体积再小一些，可采用内径长 1 米×宽 2 米×高 2 米＝4 立方米的规格，这种规格可放入4个育苗架，40只育苗盘，一次催芽可解决20亩辣椒大田用苗。

（2）结构要求：催芽室的结构应该是砖石结构。为了提高保温性能和节约能源，降低育苗成本，催芽室的建造应为三层砖墙，中间两层放隔热物。隔热物多采用稻壳、稻壳灰或木屑。整个墙壁的厚度为50厘米左右，其保温性能大约是1∶5～1∶7（即温度上升到30℃之后，每加热1分钟停5～7分钟）。催芽室的门可以采用双层推拉门，以利保温、操作和节省空间，如门外悬挂棉门帘，保温性能更好。

（3）主要设备：催芽室的主要设备有育苗盘架、育苗盘和加热装置。

①育苗盘架：育苗盘架是用来放置育苗盘的铁架，是用2厘米或2.5厘米的角铁或不锈钢管制造而成。盘架的规格一定要与催芽室内径的长、宽、高相配套，一般的规格是长62厘米、宽42厘米、高180厘米，上下可分为10层，最下层要离地面15～20厘米，层间距离为13～15厘米。盘架的底部可安装4个万向轮，便于移动。

②育苗盘：育苗盘是用来播种催芽的工具，一般为塑料制品。其规格应与育苗盘架的规格相配套，一般规格为长30厘米、宽20厘米、高3厘米。塑料盘的下面都有孔洞，可以防止盘内基质积水。但采用无土育苗时，盘底不可留有孔洞。每个育苗单位一般应备有1000～1500只育苗盘。

③加热装置：催芽室内的加热装置有两种，一种是电炉加热，另一种是加温线加热。用电炉加热的应将电炉埋入地下空穴内，上面覆盖空格铁板，以利操作。为安全起见，也可以将电炉丝嵌入绝缘体中均匀地安装在四周墙壁内。催芽室内的电炉丝的总功率可用1800～2400瓦。一般催芽室内用600瓦的电炉3～4只，均匀地分布在室内。为了调节室内的温度，使其均匀一致，

可在催芽室的顶部安装 6～9 英寸的电风扇一台，并在电扇叶子前面装设一个挡风板，防止风扇的冷风直接吹到育苗盘内，影响苗的整齐度。电加温线加温，比电炉加温更为方便、安全。电加温线在催芽室内的布置方法可参照电热温床，这里不再重复。

(4) 催芽室的位置设置：快速育苗的三室配套设施除了催芽室、绿化室、移苗大棚之外，还有一个主要附属设施，即在绿化室后面增设两间工作室。催芽室的位置应该放在工作室内。为了利用白天的太阳能，也可以将催芽室设置在玻璃绿化室内。但这种催芽室的结构不可能是砖石结构，应是玻璃结构。这种结构形式应用不多。

2. 绿化室

主要是供小苗绿化用的玻璃温室，它应具有良好的透光保温性能，且结构简单，造价低廉。具体构造如下：

(1) 面积：绿化室面积的大小可根据本单位辣椒种植面积多少而定，一般在 100～150 亩的辣椒种植面积，有 120～150 平方米的绿化室就可以了。绿化室每间的面积是长 6 米×宽 3.6 米＝21.6 平方米。绿化室的走廊宽 1.2 米，整个一间绿化室的生产面积是（6 米－1.2 米）×宽 3.6 米≈17.3 平方米，绿化利用率为 80%，一个育苗单位有 5～6 间绿化室就够用了。

每间绿化室内可以铺设宽 3 米，长 4 米的绿化床，每亩绿化床可摆 60 厘米×40 厘米的育苗盘 50 只。

(2) 形式与结构：绿化室的形式可采用三折式单面玻璃温室。三折式的角度自上而下分别为 10°、30°和 55°，或者是 15°、30°和 45°。三折式的玻璃温室形成了三种不同的角度，但中间的那个角度选择得是否恰当，直接关系到采光面的大小和透入有效光量的多少，所以也影响到绿化室性能的好坏。一般地说，太阳的入射角度越大，其入射的光量也越多，但是入射角越大，玻璃温室的后墙越高，这样，就不利于温室的防寒和保温。根据有关资料介绍，当光线与玻璃面的交角在50°以上时，角度的变化对透入有效光量的影响甚小。因此，为使室内获得较高的光量，又便于保温，可根据当地的具体情况，选用50°～60°的入射角较为适宜。其计算公式为：

玻璃面的角度（X）＝太阳入射角（ω）－太阳高度角（h）

由于绿化室是以冬季应用为主，所以一般以冬至12点时的太阳高度角作为计算标准。太阳高度角的求法如下：

太阳高度角（h）＝（90°－当地纬度）－23.5°

根据当地的地理纬度的高低，运用上面的公式，可以求出最理想的绿化玻璃面角度。

绿化室的骨架可以选用2.5厘米×2.5厘米或4厘米×4厘米的角钢，最好使用“T”字钢。用作加强的圆钢型号以ϕ10～12毫米为主，这样室内遮光少，照度好。为了提高保温性能，可用油灰涂抹玻璃与角钢间的缝隙。

为了便于绿化室内通风、降温，需要增开前窗、后窗和气窗各一个。前窗规格为62厘米×62厘米；后窗的规格为80厘米×100厘米；气窗的规格为40厘米×70厘米。

（3）加热设备：绿化室内多采用电加温线加热。控温仪和电加温线的配套安装方法见“如何制作电热温床”。

3. 移苗大棚

详见第四章第二节育苗设施与建造中的相关内容。

二、工厂化育苗的操作技术要点

1. 播种前的准备

育苗盘、育苗钵等育苗工具和催芽室、绿化室、育苗盘架等，在育苗前必须准备好，清洗干净。在病害发生严重的地方应将上述用具严格消毒。常用的方法：利用400倍的多菌灵液、100倍的福尔马林或10倍的漂白粉液浸泡育苗用具，在催芽室、绿化室中喷雾消毒；如有条件也可用高温蒸汽对整个育苗设施进行加温消毒。药剂消毒后再用清水冲洗、晾干，直至药气消失后进行育苗。种子处理和基质准备前面已经介绍。

2. 播种

播种时把准备好的基质装入育苗盘压实刮平。基质表面离盘边约 1 厘米，不要装得太满。基质装盘后随之浇水，使含水量达到饱和程度。

播种量应按育苗的播种量播种，播后立即覆土。如果用田园土或细沙覆盖，厚度可稍薄点；用蛭石、炉渣等基质覆盖，应稍厚一些。覆土后还应轻压一下，防止因覆盖物太轻，造成种子大量戴帽出土。

3. 催芽出苗

将播种后的育苗盘放入催芽室内，控制一定的温、湿度。

(1) 温度管理：催芽室在育苗盘放入前 4 小时使温度升至 20℃～25℃，然后把播好种子的育苗盘放入室内密闭，按要求控制室内温度，辣椒催芽出苗适宜温度为 28℃～30℃。在出苗前的 1～2 天，为了防止发芽出土较快的秧苗徒长，应适当降低温度。即辣椒催芽室温度管理是前 3 天控制温度为 30℃，后 2 天在 25℃左右，经 5 天后出苗率可达 90%。

(2) 水分管理：催芽室的空气湿度必须保持在 90%以上。如果空气湿度太小，加上室内温度较高，育苗盘内的基质很易干燥，影响出苗。在催芽出苗阶段，应及时检查，如果基质干燥应喷水 1～2 次，特别是有 50%～60%的种子顶土时，应喷水一次，有助于种皮脱壳，防止秧苗戴帽出土。喷水时忌用冷水，如骤然喷洒冷水，会影响秧苗细胞的生理活性，最好用 20℃～25℃的温水喷洒。

4. 秧苗绿化

育苗盘中幼苗 60%以上开始顶土出苗时，可将育苗盘由催芽室移至绿化室进行秧苗绿化。

（1）温度：育苗盘移入绿化室的第1～2天，绿化室的温度应逐渐下降，每天下降2℃～3℃，至第3天时给予秧苗绿化所需的正常温度，这样可使秧苗有适应过程。辣椒绿化期的正常日温为26℃～28℃，夜温20℃，在阴雨天可降温3℃，地温应尽量保持在20℃～24℃。

（2）水分和肥料：在绿化室中，应保持60%左右的空气湿度。由于室内温度较高，育苗盘基质中的水分蒸发很快，应及时喷水，一般1～2天喷水一次，保持土壤含水量在26%～28%；喷水时间以上午8～9时为宜，下午喷水容易造成夜间湿度过大，引起病害发生。

育苗基质中加入50%～70%以上的培养土或完全用土壤做基质育苗时，在秧苗绿化期间一般不需要追肥。如果土壤缺肥，可用复合肥（N、P、K各占15%）配制成0.2%的水溶液追施1～2次。

（3）光照：在绿化室内应尽量提高光照和延长光照时间，要求保持透明覆盖物的洁净度和及时掀揭不透明覆盖明物。绿化室内光照的变化不能过分剧烈，在由弱到强时应循序渐进，否则会因光强增加过快而导致秧苗灼伤。有条件的地方在绿化期进行人工补光效果良好。补光时可用功率100～500瓦的植物效应灯、高压绿灯或日光灯。秧苗接受光照强度在3000勒克斯以上，每天补充时间为6～10小时，加上自然光照时间，总计光照时间不超过16小时。

5. 分苗

一般密度较大时可进行2次分苗。在绿化室内子叶展开后进行第一次分苗，分苗时把秧苗起出，手提子叶，按3厘米×3厘米的株行距移入另外的育苗盘中，栽后喷水，育苗盘应放在绿化室绿化，从出苗到第一次分苗需10～14天，到秧苗长到二叶一心进行第二次分苗。第二次分苗时，把苗移入营养钵、大中棚的冷床或电热温床中，秧苗株行距以 10 厘米×10 厘米为宜，第一次分苗至第二次分苗需 15～20 天。

在播种密度较稀时，可用一次分苗法，这种方法省工，而且可减少对秧苗的损伤。

6. 分苗床管理

分苗床管理与常规育苗管理相同，具体内容参考第五节苗期管理的相关内容。

三、辣椒壮苗的标准

壮苗的标准因品种和育苗条件不同略有差别，但总的来说，从外部形态来看，壮苗的茎秆粗，节间短，根系发达，主根粗壮，侧根多且颜色白。10～12 片真叶的幼苗，从子叶部位到茎基部约 2 厘米，整个株高 15～18 厘米，子叶部位茎粗 0.3～0.4 厘米，茎表绿色，有韧性，子叶保留绿色，叶片大而肥厚，颜色浓绿，叶柄长度适中，茎叶及根系无病虫危害，无病斑，无伤痕。早熟品种可看到生长点部位分化的细小绿色花蕾。

徒长苗的根须少，茎细长柔弱，子叶脱落，叶片大而薄，颜色淡绿，叶柄较长。老化苗根系老化，新根少而短，颜色暗，茎细而硬，株矮节短、叶片小而厚，颜色深，暗绿，硬脆，无韧性。

第五章　辣椒高效栽培模式与栽培技术

第一节　西北地区线椒高产栽培技术

西北地区包括宁夏、新疆、青海、陕西、甘肃。线椒栽培是该地区的栽培特色，也是我国辣椒出口创汇的名优特产。西北地区线椒栽培应注意如下要点：

一、选用良种

西北地区栽培传统辣椒品种主要为8819类型线椒品种，长势健壮，植株紧凑，叶色深绿，结果集中，果实簇生，果面色泽红亮，品质优良，适应性广，抗衰老能力强，对辣椒炭疽病、病毒病、疫病、枯萎病均有良好的抗性。其果实适宜干制和加工，干制率高，加工产品口感好，香味浓，商品性优。目前杂交辣椒品种主要是湖南的博辣红秀和辣丰4号，比常规的8819辣椒抗性强，坐果集中，产量高，加工品质不比常规种差。

二、土壤选择

宜选择3年以内未种植辣椒及其它茄科作物的地块，且土壤耕层深厚，地势平坦，土壤结构适宜，理化性状良好；土壤pH值6.5～7.2。

三、培育壮苗

（1）苗床处理：育苗床用50%多菌灵可湿性粉剂与50%福美双可湿性粉剂按1∶1混合，或25%甲霜灵可湿性粉剂与70%代森锰锌可湿性粉剂按9∶1混合进行消毒，每平方米苗床用药8～10克与15～30克细土混合，播种时将1/3铺在苗床中，2/3盖在种子上。

（2）种子处理：用55℃温水浸种30分钟，放入冷水中冷却，然后催芽播种；或将种子在冷水中预浸4～8小时，再用1%硫酸铜溶液浸种5分钟，或用50%多菌灵可湿性粉剂500倍液浸种1小时；或用72.2%普力克水剂800倍液浸种0.5小时，洗净后晒干催芽（防疫病及炭疽病）。

（3）播种：先浇足底水，然后采用划行等距点播育苗。

（4）苗床管理：加强苗期管理，注意控制温、湿度；温度20℃～30℃、湿度土壤含水量60%。出现顶壳或发芽延迟，可人工辅助或加少量水。80%出苗时再揭膜，苗期适当追稀粪水或0.3%的复合肥。适期间苗，适当通风炼苗，防止徒长，发现病虫苗及时拔除。

四、整地施肥

前茬收获后，应及时清洁田园，深翻土地（深30～40厘米），并于合墒时第二次深翻（20厘米）。并结合深翻整地，每亩施腐熟有机肥5000千克，有机肥于第一次深翻时施60%，第二次深翻施40%。同时每亩施磷酸二铵20千克。第二次整地应在定植前一个月完成。

五、定植

（1）定植苗态：要求苗高17～20厘米，8～10片真叶，叶色深绿，根系发达，无病虫危害症状。

（2）定植时期：棚室内最低气温稳定在10℃以上，10厘米地温稳定在15℃以上时可以定植。定植要选寒尾暖头的晴天上午进行。温室在2月上、中旬，大棚在3月上、中旬定植，露地4月中旬后定植为宜。

（3）定植方法：一般采用坐水移栽：即大田地面平整后，先用小型开沟器开移植沟随之灌水入沟，紧接着按穴距放苗进行移栽，而后播土封沟置苗。大棚和地膜覆盖者，可在挖好的穴内浇水、放苗、封土。在水源不足或早春保护地栽培时，可采用此法。

（4）定植密度：每亩4000～5000穴，双株定植。

六、定植后的肥水管理

缓苗后应根据天气及墒情浇一次缓苗水，进行短期“蹲苗”。初花期培垄，垄高20～24厘米，结合培垄每亩施尿素10千克、硫酸钾15～20千克。辣椒根系较浅，吸收水肥能力较差，在水肥管理上本着“轻浇勤浇，少施勤施”的原则，保持土壤湿润及养分供给。二、三层果膨大前，应及时追肥。禁止大水漫灌，提倡隔行节水灌溉。及时整枝修剪，加强通风，中耕除草。

七、病虫害防治

（1）及时拔除重病株，摘除病叶、病果，并带出田外烧毁或深埋。

（2）黄板诱杀蚜虫。用100厘米×20厘米的纸板，涂上黄色漆，同时涂一层机油，或悬挂黄色黏虫胶纸，挂在行间或株间，高出植株顶部，每亩约30～40块，当黄板上黏满蚜虫时，再重涂一层机油，一般7～10天重涂1次。

（3）药剂防治

①疫病防治：发病初期可用5%百菌清粉尘剂喷粉，每亩用1千克药粉，7天一次，连续2～3次。或用64%杀毒矾可湿性粉剂500倍液，或58%雷多米尔·锰锌可湿性粉剂500倍液、70%乙膦锰锌可湿性粉剂500倍液喷雾。

②炭疽病防治：保护地可采用熏蒸法。发病初期用10%世高水分散粒剂800～1500倍液或50%混杀硫悬浮剂500倍液，80%炭疽福美可湿性粉剂600～800倍液、1∶1∶200倍波尔多液、75%达科宁（百菌清）可湿性粉剂600倍液喷雾，7～10天一次，共喷2～3次。

③病毒病防治：早期防治蚜虫。用10%吡虫啉可湿性粉剂1500倍液或25%阿克泰水分散粒剂5000～10000倍液等喷雾防治。喷20%病毒A 500倍液或1.5%植病灵1000倍液，7～10天一次。

④烟青虫：主要为害番茄、辣椒、茄子、南瓜等。以幼虫蛀食辣椒等蔬菜的苗、花、果为主，也可咬食嫩茎、嫩叶，造成落花、落果、虫果腐烂。当10%的椒株受烟青虫害后，应采取防治措施，可选用50%辛硫磷乳油、50%杀螟松乳油、80%敌百虫可溶性粉剂等各1000倍液，或2.5%溴氰菊酯乳油、20%氰戊菊酯乳油、2.5%功夫菊酯乳油、10%氯氰菊酯乳油等各2000倍液喷雾等方法防治，或用杨树枝把诱杀成虫，每次每亩内用5～10把，早晨人工捕捉成虫。

八、收获及后续管理

（1）采收：辣椒红熟期分次采收，并以晴天下午为宜。采收过程中所用工具要清洁、卫生、无污染。

（2）分装、运输：分绑挂自然阴干和人工模拟自然阴干两种方法。采取人工模拟自然阴干时，鲜红椒采收后最好先晒1～2天，再入烤房低温烘烤烘干；在连续通风烘烤条件下，烤房温度控制在45℃～50℃。

第二节　北方地区辣椒保护地高产栽培技术

辣椒在北方种植，不仅广泛栽培于露地，而且越来越多地进入保护地栽培。北方地区保护地栽培有越冬栽培和春季栽培。越冬栽培一般在9月下旬至10月初播种，11月上旬定植。春季栽培一般在12月中旬至1月上旬播种。3月中旬至4月中旬定植。

一、品种选择

春季提早保护地栽培的辣椒宜选用早熟，耐低温弱光，抗病，株型紧凑，适于密植，不易徒长，坐果率高，果实膨大速度快，商品性状优良，优质高产的一代杂交品种。秋延晚栽培应选择果实较大，果肉较厚，结果多而集中的中熟或中晚熟品种。

二、培育壮苗

1. 苗床准备

选用地势高燥，土壤肥沃，富含有机质，保水力强，三年未种过茄果类蔬菜的地块做苗床，苗床上再铺营养土。营养土应采用生菜园田土、腐熟的有机肥、腐熟的马粪或草炭各三分之一混合配制而成，也可根据各地条件，因地制宜将土、肥、有机质三合一混合配制。定植1亩大田，点播需用苗床35平方米左右。播种前先将床土消毒。消毒育苗床用50%多菌灵可湿性粉剂与50%福美双可湿性粉剂按1∶1混合，或25%甲霜灵可湿性粉剂与70%代森锰锌可湿性粉剂按9∶1混合进行消毒，每平方米苗床用药8～10克与15～30克细土混合，播种时将1/3铺在苗床中，2/3盖在种子上。

2. 种子处理

播前先将种子用10%的磷酸三钠水溶液浸泡20分钟，取出后用清水冲洗干净，再将种子浸入55℃左右的温水中，并不断搅拌，待水温下降至30℃时停止搅拌，浸泡5～6小时，使种子吸足水分，然后捞出沥干，用干净的湿毛巾包好，置于30℃左右条件下催芽，催芽过程中要常翻动种子，每天用30℃温水冲洗一遍，大约4～5天后出芽达60%～70%时即可播种。

3. 播种

播种前育苗床内先灌透水。播完种后，覆营养土0.5～1厘米，覆土后盖上塑料薄膜，以保持温度和提高地温。一般每亩用种量60克左右。

4. 苗期管理

冬春育苗提高地温是关键，适宜地温18℃～25℃，气温18℃～28℃。地温长期低于15℃，辣椒根系弱，根群小，生长缓慢，易造成生理寒根，形成小老苗。苗床内既要有充足的水分，又不能过湿。若床土过干时，可适当用喷壶浇水，但不宜过大，以保持土壤湿润为宜。发现苗期缺肥，可结合浇水追施少量氮肥或喷施叶面肥。苗期病害主要是猝倒病、灰霉病、立枯病，此类病害的预防一是通过种子消毒、床土消毒，一是通过搞好苗床保温和通风工作。发现病情，立即清除中心病株，并喷药防治。此3种病害均为真菌病害，可用百菌清、甲基托布津等防治，或撒些草木灰或干细土防治。

三、定植

越冬栽培一般在9月上中旬定植。春季栽培一般暖棚在3月中下旬，冷棚在4月中旬定植。定植前先整地施肥，每亩施腐熟优质农家肥5000千克，复合肥40千克。越冬栽培一般采用高畦双垄双株定植。春季栽培采用高畦双垄单株栽培。行距60厘米，株距25～30厘米，每亩3500～4000穴。穴栽后分株浇水（水温25℃左右）。用泥土把定植孔和畦面四周地膜封好压实，防治汽化热灼苗，同时达到增温保湿的效果。定植时最好不要通风或少通风，以防椒苗萎蔫。

四、定植后的管理

定植后5～7天密闭棚体，白天温度保持在28℃～30℃，夜间尽量保持在18℃以上，促发新根生长。定植后1～2天中午要盖遮阳网遮光，防止萎蔫。缓苗后，白天温度控制在25℃～28℃，超过30℃及时放风，低于25℃就减少或停止放风，夜间控制在15℃～18℃。对于发棵差、长势弱的植株，采取用28℃～30℃的温度促其生长。开花期严格掌握温度、湿度，以免影响正常的授粉、受精与果实生长，白天温度控制在22℃～28℃，夜间15℃～18℃。进入结果盛期后，适当降低夜温，有利结果，日温主要靠白天放风量的大小和时间的长短来调节。如果夜温低于15℃，则要加盖草帘等保温。在严冬季节，为了增加保温效果，只能在气温很低时的中午在顶部放风。入春后天气逐渐转暖，要加大放风量。当夜温达15℃时可昼夜放风。

1. 光照管理

冬季日照时间短，光照强度低，但是较强的光照和较长的日照时间又有利于生长发育及光合产物的积累。棚内光照调节的方法如下：温室覆盖材料采用防尘无滴聚乙烯膜或聚乙烯三层复合膜，这些膜的透光率较强。经常保持棚面清洁。在保证室内温度的情况下，草帘应尽量早揭晚盖。

2. 肥水管理

定植大约1周后，要浇1次缓苗水，而后适当蹲苗。以后浇水时间、浇水量和次数视苗长势及根据土壤水分灵活掌握。一般1周浇水一次，由于辣椒是浅根系作物，因此，采取小水勤浇，不宜大水漫灌，浇水最好在晴天上午，以避免浇水后低温高湿，易诱发各种病害。

辣椒喜肥耐肥，在门椒开始采收时，要进行追肥。进入盛果期开始每隔 15 天追肥 1 次，最好随水追农家肥或者复合肥。适当进行 2～3 次叶面追肥更佳，一般用 0.4%磷酸二氢钾或多效丰产灵 1000 倍液进行叶面追肥。

3. 植株调整

进入采收盛期，根繁叶茂，行间通风透光差，不能充分进行光合作用，从而影响植株的正常生长发育。因此要进行植株调整。除去过密的徒长枝、弱枝、副侧枝、空果枝，疏掉老叶、黄叶病叶，拔除部分植株，改善群体的透光条件，加强光合作用，积累光合产物。

4. 病害防治

（1）病毒病：喷 20%病毒 A 500 倍液或 1.5%植病灵 1000 倍液，7～10 天一次，同时要注意及时防虫（蚜虫、蓟马、粉虱等）。

（2）疫病：加强栽培管理，发现病情及时清除病株，同时喷药防治。防治药剂有 72.2%普力克，72%克露，70%甲霜灵锰锌或 70%乙膦铝锰锌，25%瑞毒霉，85%乙膦铝，64%杀毒矾，70%新万生或大生，75%百菌清 800 倍液，抑快净，安果好等。以上药液需交替使用，每 5～7 天一次，连续 2～3 次。阴雨天气，改用百菌清粉尘剂喷粉，每亩用药 800～1000 克；或用克露烟雾剂熏烟防治，每亩用药 300～400 克。

（3）灰霉病：加强苗床管理，保温控湿。用多菌灵、托布津拌干细土或直接撒干细土或草木灰。

（4）炭疽病：防日灼，定植后，每 10～15 天喷洒一次 1∶1∶200倍等量式波尔多液进行保护，防止发病（注意不要喷洒开放的花蕾和生长点）。每 2 次波尔多液之间，喷 1 次600～

1000倍瓜茄果专业型天达-2116（或5000康凯或5000倍芸苔素内酯），与波尔多液交替喷洒。用百菌清、猛飞灵、甲霜灵锰锌、杀毒矾、大生等单用或混用。

5. 二氧化碳施肥技术

日光温室冬春茬辣椒栽培，在寒冬和早春放风的次数较少或放风时间不当的情况下，经常出现二氧化碳不足，从而影响植物的光合作用。因此有必要进行人工施用二氧化碳来满足光合作用的需要。生产实践证明：增施二氧化碳可使植株健壮，提高产量，改善品质，减轻病害，生产上推广的是新型二氧化碳颗粒气肥。二氧化碳颗粒气肥是近几年研究生产出来的，它是以碳酸钙为基料，与常量元素的载体配伍加工成的颗粒粉状气肥，具有生产无污染，使用作物范围广，操作简便，使用方便，一次性投施肥效期长的特点。一般每亩日光温室用量40～50千克。一次性投施释放二氧化碳高效期可持续2个月左右，最高浓度1000微升/升左右。具体方法是在辣椒进入初花期时，将颗粒气肥均匀埋施于大行间，深度12厘米，7天左右即可显出效果。施用时要防止撒在叶片上，距根要远一些，以防烧根。

五、采收

门椒和对椒采收视植株长势情况而定。如植株生长旺，应适当晚摘，以控制长势；如植株长势弱小应提前采收，以促进植株生长。前期采收，关键是调节和协调好营养生长和生殖生长的比重，使植株健壮生长。另外，也要根据市场价格变化来灵活掌握。一般情况下，越早采收，效益越高。

第三节　长江流域辣椒大棚越冬栽培技术

一、品种选择

大棚秋延后栽培辣椒必须选用耐高温、耐旱、抗病毒病、炭疽病、生长势强、结果集中、果大肉厚、后期耐寒的理想品种，如洛椒98A、汴椒1号、豫艺墨玉大椒、湘研13号和福湘4号等。

二、播期及播量

根据各大棚（温室）保护设施的不同，播期也不同。一般大棚温室7月中下旬播种，每亩用种30～40克，每平方米苗床播种5～8克，每亩需育苗床10平方米。

三、育苗方法

1. 苗床选择

苗床要选择地势高、排灌方便，且前茬没有种植茄果类、瓜豆类蔬菜的地块。每平方米苗床用乐斯本10克，撒在床面5厘米深土内，防治地下害虫。

2. 营养土配制

具体方法见第四章第三节。

3. 育苗棚建设

用小弓棚或中棚都可以，采用网膜结合方式，即遮阳网在上、农膜在下重叠覆盖。在棚膜上扣遮阳网，做到网膜结合，才能起到遮阳、降温、防暴雨的功效，是夏季高温育苗成败的关键设施。扣网、覆棚膜在中棚和弓棚的两侧（两肩）不要全扣上，要留下通风道。弓棚扣网覆膜离地面高度应在1米以上，便于通风降温。

遮阳网有灰色和黑色两种。灰色有忌避蚜虫，减少病毒病传播的作用，但遮阴效果不如黑色的，如果当年露地蚜虫暴发，病毒病大发生，最好用灰色遮阳网育苗。如用黑色网育苗，应早晚把棚两侧网放下，起到阻避有翅蚜的作用，仅多费人工而已。

4. 浸种催芽

将晒过1～2天的种子先用清水浸1小时，再放入0.5%高锰酸钾溶液中浸25～30分钟，经清洗后再用55℃热水（经5～6分钟，快速搅动冷却），继续浸种4～6小时，当水温高于45℃时，要坚持不停地摇动。种子浸好后要洗去种子表面黏液，放在25℃～26℃温度下催芽，待种子有60%露白时播种。播种前，苗床洒水，待水浸透，畦面无水时即可播种，随后覆0.8～1厘米厚的盖种土。

四、移栽假植，培育壮苗

播后2周左右，幼苗2～3叶时就可移苗。移苗时将幼苗移入10厘米×10厘米的预先装好营养土的营养钵内，移栽应在阴天或晴天傍晚，每钵1～2株，浇透水后移入遮阴棚下生长。此期间的管理主要是降温和保温、除草，并注意病虫害防治。

五、整地与施肥

定植田块要早耕、深耕（30厘米），基肥结合耕地早施、深施、分层施。每亩施腐熟土杂肥4000～5000千克，饼肥120千克，三元复合肥40千克。整畦有两种：一种整大畦（适用于大棚），一种整小畦（适宜于温室），以操作方便为准。大畦畦宽2米，每畦定植4行，小畦畦宽70厘米，每畦定植2行，行株距45厘米×28厘米，整好畦后覆盖地膜。

六、定植

一般在8月下旬定植。选苗高20厘米以内，苗龄35～45天，有8～10片真叶，叶色浓绿，茎秆粗壮，根系发达的壮苗定植。随栽随浇定根水，定根水要浇足浇透。

七、定植后的管理

1. 温度管理

幼苗定植后的一段时间，秋延辣椒在9月下旬至10月上中旬坐果，温度高于28℃时，盖遮阳网降温，并掀开棚裙昼夜通风。拱棚内气温偏高，要通风降温，棚内温度白天控制在25℃～30℃，夜间15℃～18℃。此期间若天气阴雨，要盖严棚膜防雨。9月下旬天气转凉，夜间要盖严棚膜；到10月中旬以后，当夜温降到10℃以下时，即应在棚内加盖小拱棚，使夜间小拱棚温度不低于15℃，以利于开花、授粉、坐果和植株生长：到11月中旬以后天气渐转寒冷，要注意防冻，白天通风时间逐渐变短，通风量逐渐变小，夜间小拱棚上加盖草帘。

2. 肥水管理

定植后浇足底水，缓苗期不用浇水，以后及时进行中耕，缓苗后出现缺水现象，需进行小水浸浇。结合浇水每亩追施硫酸铵10千克作为提苗肥。辣椒始果坐住后，适当浇水，经常保持土壤湿润。11月中旬以后天气渐寒，随着通风量减少、土壤水分散失速度慢，浇水间隔适当延长。以偏干为主，棚内空气湿度要低，在水分管理上，缓苗后至门椒长出前不浇水，每次浇水必须带适量的百菌清、多菌灵等杀菌剂。盛花期叶面喷施0.5%磷酸二氢钾，尿素水溶液。植株第一分杈以下的腋芽全部摸掉。对于生长势弱的植株，第1分杈，第2分杈的花蕾要及早摘除，初霜前后要及时打杈摘心，减少养分消耗，但仍需保持土壤湿润。初果期和盛果期可各追肥1次。每亩追复合肥10～15千克。

八、病虫害防治

虫害主要有金针虫、烟青虫、蚜虫、白粉虱、小菜蛾等。烟青虫、小菜蛾可用乐斯本、高效氯氰菊酯防治。蚜虫、白粉虱用吡虫啉、抗蚜威防治。病害有猝倒病、病毒病、炭疽病、灰霉病等。病毒病用20%病毒A 500倍液，1.5%植病灵1000倍液，0.1%高锰酸钾液防治；疮痂病用3% DT 400倍液防治，农用链霉素等防治。灰霉病用50%速克灵2000倍液，甲基托布津1000倍液防治；炭疽病用75%百菌清500倍或25%瑞毒霉800倍液交替喷雾防治。

第四节　长江流域大棚春提早辣椒栽培技术

一、品种选择

选择早熟、抗病性和抗逆性强的品种，如长江流域春季大棚栽培不嗜辣地区可选择福湘早帅、福湘碧秀、福湘探春、福湘四号、洛椒98A，嗜辣地区可选择兴蔬301、博辣1号、博辣娇红和鸡爪×吉林早椒。

二、育苗

1. 播种期

长江流域春季大棚提早栽培10月上旬至中旬播种，每亩用种量40～50克。

2. 苗床设置

苗床宽1.2米左右，长度随播种量定。春季提早栽培育苗采用大棚套小棚；播种前10天整理好苗床，采用营养土育苗。选择在1～3年内未种过茄果类作物的田园土、充分腐熟的农家肥和草木灰，按1∶1∶1的比例混合拌匀，加过磷酸钙或复合肥0.5～1千克/米^2，并加8～10克/米^{2}50%多菌灵或70%甲基托布津可湿性粉剂进行床土处理，混合拌匀。2/3床土铺入苗床，苗床宽1.2米，苗床长随播种量而定，床土厚10厘米，1/3床土留作覆盖。土面整细整平，用50%多菌灵进行土壤消毒，用药量8～10克/米^2。

3. 播种

种子先用清水浸4～5小时，再在1%硫酸铜溶液中浸10分钟取出，用清水冲洗干净。播种时苗床适量浇水，要求10厘米土层保持湿润。均匀撒种，每1平方米苗床10克左右，播种后覆盖1厘米厚细土，然后盖1层地膜。70%左右的秧苗破土时，揭去地膜。根据气候变化注意防止幼苗受热或冷害。

4. 假植

当秧苗有2片真叶至3片真叶时，即11月下旬至12月上旬选晴天将秧苗假植入营养钵或假植床中。假植后密闭大棚和小拱棚5～7天，保持适宜的温度和湿度有利于辣椒苗假植成活。

5. 苗期管理

（1）温湿度管理：棚内昼夜温度保持在15℃～25℃。若夜间气温降至10℃，在小棚上加盖草帘等保温材料。如棚内温度超过30℃，要加强通风。白天大棚内的小棚膜适时揭开，天气寒冷时，通风时间宜少。

（2）肥水管理：育苗前期的表土发白才可浇水，选晴天午后一次性浇足。追肥视秧苗长势，结合浇水进行，肥料可采用复合肥或磷酸二氢钾等，浓度不超过0.5%，浇水后及时通风。

三、整地施基肥

选择土壤疏松肥沃、有机质含量高、排灌方便、近2～3年没有种植过茄果类作物的地块。定植前1～2周整地。作畦前每亩施腐熟厩肥3000千克、复合肥50千克、磷肥50千克、钾肥15千克，采用畦中开沟施入或翻耕前普施，筑成1.3米（连沟）宽的畦。

四、定植

春季提早栽培采用大棚、小拱棚加地膜覆盖，于2月中下旬定植；每畦植双行，株距30厘米，行距60厘米，每亩栽3800株左右。

五、田间管理

1. 肥水管理

缓苗后适当蹲苗，控制水分，初花期坐果时需适量浇水，坐果期保持土壤相对湿度70%～80%，切忌大水漫灌。苗期轻施1次提苗肥，进入结果期，每采收2次果实，每个标准大棚每次穴施复合肥2.5～3千克，也可利用滴灌追肥，并结合喷洒微量元素肥效果好。

2. 温湿度管理

辣椒生长适宜气温白天20℃～28℃，夜间不低于13℃，空气相对湿度70%～80%。定植后，可密闭棚1个星期，提温促进活苗。如棚内温度超过30℃，要加强通风。白天大棚内的小棚膜适时揭开，天气寒冷时，通风时间宜少；气温回升时，逐渐加大通风量和通风时间。在4月上旬夜温逐渐稳定在15℃以上，晴天可不密闭棚，大棚内的小棚膜可撤除。4月中下旬可将围膜去掉，顶膜可避免雨水滴淋，防止病害发生。

3. 防止落花、落果、落叶

开花前期用防落素20～25毫克/千克涂花柄，以防落花。4月下旬至5月可自然授粉而结果，轻轻拍打植株，能增加其自然授粉率。

4. 病虫害防治

（1）农业防治：选用抗病品种，及时清理田园，将病枝、残叶、杂草和收获后的抛弃植株及时清理出田间，并予以销毁或深埋，减少病虫传播和蔓延；实行轮作倒茬，以阻断病害流行，切断害虫生活史；避免和辣椒病虫寄主相同的作物邻作，减少病虫传播机会；合理进行间作套种，减少病虫为害。

（2）物理机械防治：常用的方法有：用温汤浸种，高温闷棚，利用白粉虱、蚜虫的趋黄性用黄板诱杀。

（3）生物与化学防治：辣椒的细菌性病害主要有疮痂病、细菌性叶斑病，可用农用链霉素 100～200 微升/升、新植霉素 4000 倍液、14％络氨铜水剂 350 倍液、70％加瑞农可湿性粉剂 800 倍液、77％可杀得可湿性粉剂 800 倍液喷雾。

真菌性病害防治：疫病用 64％杀毒矾 500 倍液，40％乙膦铝 200 倍液，58％瑞毒霉锰锌 500 倍液喷雾。炭疽病用 50％甲基托布津 800 倍液＋75％百菌清 800 倍液，80％代森锌 500 倍液喷雾。辣椒白粉病用 2％农抗 120150～200 倍液，10％克双效灵 200 倍液，25％粉锈灵 1500～2000 倍液，50％硫磺悬浮剂 200～300 倍液喷雾。灰霉病用 50％速克宁 1500～2000 倍液，50％扑海因 1400～1500 倍液，50％农利灵 1000～1500 倍液，50％腐霉利 1500 倍液，2％武夷菌素 100 倍液喷雾。病毒病用 20％病毒 A 500～700 倍液，抗毒 1 号 300～500 倍液，50％植病灵 500 倍液，菌毒清 400～500 倍液，83 增抗剂 100 倍液喷雾。

辣椒的虫害主要有烟青虫、烟粉虱、蚜虫等。可用 2.5％功夫 2000～4000 倍液、2.5％天王星 1500 倍液防治烟青虫；利用丽蚜小蜂、20％扑虱灵 1500 倍防治温室烟粉虱；用植物源农药如鱼藤烟碱、棉油泥皂、50％抗蚜威可湿性粉剂 2000～3000 倍液等防治蚜虫。

六、采收

保护地春栽的在3月下旬至4月上旬始收，采收最好在晴天进行，以利伤口愈合，减少病害发生。前期采收要及时，避免辣椒果实坠秧。

第五节　长江流域鲜食加工兼用型辣椒地膜覆盖栽培技术

一、整地

1. 土壤选择

辣椒不宜与同科作物连作，宜与其它作物轮作或水旱轮作。但由于现在农村的实际情况，每年全部轮换基地存在问题。因此应采取适当的农业综合技术措施，如种子消毒、苗床消毒、深翻、炕土、土壤消毒等防止病害的发生，延长适宜种植辣椒的时间。总的要求是土层深厚、肥沃、疏松、排水良好，pH值为6.2～7.2的微酸性或中性土壤。

2. 土壤准备

所选土壤要深翻土壤，在定植前10～15天整细，同时清除地里的残渣枯枝及其它杂物。

二、作厢及栽植密度

1. 作厢

根据不同辣椒品种生长势情况进行开厢。一般1.1～1.2米开厢（包一面沟），厢面宽约70厘米，走道40～50厘米，平整成龟背形。厢高一般以10～15厘米为宜，同时厢沟一定要平整，主、次沟要四通八达，利于排水。

2. 栽植密度

采用宽窄行定植，栽植行距 0.4～0.5 米、株距 0.4 米。双行双株种植，亩植 3000 穴左右。生长势旺、较开展的品种宜单株种植，栽植行距 0.4～0.5 米，株距 0.3 米。

三、施肥和盖膜

1. 合理施肥

一般亩施用腐熟有机肥 2500～3000 千克，钾肥 20～30 千克（或草木灰 100～150 千克），过磷酸钙 40～50 千克。根据土壤肥力差异，进行合理配方施肥。

2. 重施基肥

定植前 7～10 天将施肥总量 60％～70％的肥料作为基肥一次性施入栽植行中，其中磷肥全部作为基肥施用。

3. 基肥施用方式

可根据实际情况选择沟施、窝施或撒施。沟施即在厢面正中起沟（约 15 厘米深）或 2 个定植行起沟施入肥料；窝施是按栽植的行株距，将肥料施入定植穴中；撒施是将肥料均匀撒在厢面上。沟施、窝施肥料利用率较高、效果较好，撒施则效果较差。

4. 浇水

盖地膜前厢面一定要浇透水或下透雨，这样使厢内的土壤含有充足的水分。在地膜覆盖后，水分可通过土壤毛细管的作用，不断充分上升到地表，保持土壤湿度。注意须等厢面土壤“收汗”后，才盖膜，否则水分过多，膜内土壤湿度过大易形成“包浆土”，不利幼苗根系生长。

5. 盖膜

目前在长江中下游地区采用人工铺膜，为了便于操作，最好两人一组，先将薄膜展开，手拉紧薄膜使其紧贴地面，将地膜两端用土压严，同时在膜的两侧用土压严。要求膜要盖平、压严、不跑气，否则影响地膜的使用效果。

四、定植

1. 定植期的确定

加工型辣椒为获得高产，应争取采收伏前椒和伏后椒为宜。因此栽植时间不能太迟。要根据当地海拔高度及天气情况，选择在晴天定植。一般情况下，育冬苗的在 4 月初定植，育春苗的 4 月中下旬定植。

2. 定植方法

按要求的行株距将地膜划破小口，将苗子栽入穴中，用手压紧根，防止形成吊脚苗。然后浇少量的定根水，用细土把定植孔封严，在苗的周围培一个小土堆，起到保温、减少土壤水分蒸发的作用。

五、田间管理

1. 地膜保护

辣椒幼苗定植后，由于覆盖压土不严或风、雨破坏及田间操作不当等原因，有的膜表面出现裂口，跑风漏气，造成土壤水分蒸发，地温下降，失去地膜覆盖的作用。因此要注意保护地膜，经常检查，发现有破裂或不严的地方，及时用土压严。在辣椒生长中期，植株的枝叶已将厢面长满，为方便施肥，可将膜从中划破进行肥水追施，使地膜继续发挥保水保肥的作用，无须把地膜全部揭除。

2. 肥水施用

可在地膜中间划破追施，或在定植穴周围打洞穴施。地膜栽培由于底肥量大，追肥次数少于露地栽培，一般 1～2 次，即“头伏”或“二伏”施保健肥，“处暑”至“白露”施翻花肥。在开花结果期间，根据植株生长情况，可用 0.2%～0.3%磷酸二氢钾叶面追肥2～3次。

3. 病虫害防治

（1）病害防治

①辣椒炭疽病：叶片被害多发生在成龄老叶上，初为褪绿水渍状斑点，后变褐色，逐渐扩大为圆形或不规则形病斑。可用70%代森锰锌或70%可杀得500倍液，或75%百菌清可湿性粉剂500～600倍液防治。

②辣椒疮痂病：植株叶片发病，开始在叶背面生隆起斑点，湿度大对病斑四周呈水浸状，扩大后病斑为不规划形，周边稍隆起，暗褐色，中央色淡，稍凹陷，可用14%络氮铜水剂300倍液、500DT400～500倍液等防治。

③辣椒疫病：成株期根部受害后变成黑褐色，整株枯萎死亡。茎部多在分叉处发病，有的在茎基部发病，初为暗绿色水浸状，后变成黑褐色、腐烂，发病处以上的枝条枯萎。可用50%甲霜铜可湿性粉剂500～600倍，雷多米尔或杀毒矾可湿性粉剂500倍、绿亨二号800倍液或60%DTM可湿性粉剂500倍液防治。

④辣椒白绢病：病株近地面的茎呈暗褐色水浸状腐烂，病部凹陷，表面生白色绢丝状菌丝体，并呈放射状向上发展，也迅速向下扩展侵入根部，可用50%代森锌800倍，或五氰硝基苯按1∶100的比例配土撒施。

⑤辣椒青枯病：早期病株往往1～2个侧枝叶片萎蔫，病情发展下去，植株顶部叶片开始萎蔫，初期早晚可以恢复，后自上而下整株萎蔫死亡。可用绿亨一号3000倍液、50%代森铵1000倍或20%施宝灵2000倍液，也可用50%敌枯双可湿性粉剂800倍液灌根。

⑥辣椒病毒病：病株可表现为花叶、黄化、坏死及畸形四大症状，可引起落叶、落花、僵果，严重影响辣根的产量和品质，

可用病毒K800～1000倍液或20%病毒A可湿性粉剂500倍，或抗毒丰200～300倍液防治。

(2) 虫害防治

辣椒虫害发生比较普遍，主要有小地老虎、蝼蛄、斜纹夜蛾、菜螟、瓢虫、蚜虫、茶黄螨和红蜘蛛等。小地老虎、蝼蛄等害虫可用90%敌百虫晶体1000倍或50%辛硫磷800倍液等杀虫剂防治；红蜘蛛等螨类害虫可用阿维虫清3000倍液，50%扫螨净粉剂1000倍或晶体石硫合剂200～300倍液防治。斜纹夜蛾、菜螟等蛀果害虫可用灭扫利、螟施净等农药防治。

第六节　华北地区冬春茬辣椒栽培技术

华北地区（包括北京、天津、河北、山西、内蒙古）冬春茬辣椒栽培主要是早熟栽培，一般采取冬季育苗，早春3～4月辣椒可以上市。冬春茬辣椒栽培技术的关键是培育适龄壮苗，定植后促根控秧，为结果期打好基础。

一、品种选择

要求早熟、耐低温弱光，抗病能力强，品质好，产量高。如福湘早帅、福湘2号、苏椒5号、甜杂2号等。

二、培育壮苗

1. 苗床准备

选择8月底至9月初播种较合适，播种前15天左右选择地势较高、排水良好、土壤疏松肥沃的地块建造阳畦，并施腐熟有机肥18～20千克/米^2，整细搂平后盖膜待播，栽培一亩辣椒，需播种苗床10～12平方米，用种75克左右。

2. 浸种催芽

用55℃温水浸种，并不停搅动等水温降至30℃左右时停止搅动，浸泡4～6小时后去掉浮在面上的种子，捞出用清水搓洗至种皮无黏液再沥尽水分后用干净的毛巾包好，放入盆内置于28℃～30℃条件下催芽。每天用温水冲洗一次，4～5天左右种子露白后播种。

3. 播种及苗期管理

一般于9月中下旬采用阳畦播种育苗，播前苗床可用敌百虫和多菌灵处理，结合用温水一起浇透底水，一般需浇药剂8～10克/米^2，温水25千克/米^2，浇水后床面出现高低不平的可用过筛营养土补平，待水渗完后即可播种。种子播后覆盖过筛营养土约1厘米，最后在播种床面上覆盖一层地膜，以利保温保湿。

播种至出苗期间，保持日温25℃～30℃，夜温18℃～20℃，当有50%左右幼苗出土时，应及时揭去床面上的地膜。苗出齐后，开小口适当放风，保持日温20℃～25℃，夜温15℃～18℃。当幼苗具2片真叶时应及时分苗。分苗前将营养钵排紧，其间隙要用细土填实，铺放在大棚或温室内。分苗前2～3天要浇足底水待用。分苗前5～7天，要对幼苗进行低温锻炼，并追施一次稀粪水，喷一次甲基托布津做到带肥带药移苗。分苗要选择冷尾暖头的晴好天气进行，分苗后的1～2天晴天中午要用草帘遮阴，以利缓苗。缓苗前，室温保持在28℃左右，缓苗后白天室温控制在22℃～25℃，夜温控制在15℃以上。由于日光温室冬春茬辣椒定植时间比大棚辣椒定植时间提前40～50天，苗龄缩短，所以日光温室冬春茬栽培的辣椒苗在管理上要以促为主，加强肥水管理，确保在12月下旬至1月上旬定植时能培育成带大花、大蕾的壮苗。

三、定植

冬春茬辣椒宜在12月下旬至1月上旬选择冷尾暖头的晴好天气定植到建好的日光温室内。行距45厘米，株距25厘米，亩定植辣椒4000穴，约8000株。定植时一般是在晴天上午进行，下午3点前应定植结束，同时要铺好地膜，盖好温室保温。

四、定植后的管理

1. 温湿度管理

前期以防寒保温为主，结果期既要防寒保温，又要通风排湿降温，温度管理采取昼夜大温差管理。定植后5天，保持日温30℃左右，促发新根，及早缓苗。缓苗后日温控制在25℃～30℃，夜温控制在15℃以上。温度控制主要靠放风量大小及草帘揭盖时间来调控，当日温超过30℃时放风，放风宜从顶部放风，保持无滴膜正反面清洁，以增加透光率。

2. 肥水管理

缓苗后浇一次缓苗水，以后根据墒情和长势，结合浇水每亩施磷酸二铵10千克，肥水从膜下暗沟灌入。进入采收期，因需肥水量增加，一般7～10天结合浇水每亩施磷酸二铵10千克。追肥宜在每次采收后进行。为防早衰，可用0.5%磷酸二氢钾加0.5%尿素进行叶面喷施，补充营养。

3. 光照管理

日光温室无滴膜要求每年换新的，同时要注意保持膜的清洁，以增加透光率。在晴好天要尽量早揭草帘，即使多云天气，也要揭帘利用散射光，增加室内光照和温度。灾害性的连阴雨天气，宜在温室内每4米挂一盏100瓦的电灯泡。连阴初晴后，不要即刻揭帘，以防植株失水而萎蔫。

五、病虫害防治

辣椒疫病、灰霉病、炭疽病等真菌性病害可用百菌清烟剂或速克灵烟剂进行熏蒸处理，也可用50％速克灵可湿性粉1000倍液或50％扑海因可湿性粉1000倍液喷雾防治。每7～10天一次，效果很好。

辣椒病毒病用20％病毒A 500倍液或700倍液每7～10天喷雾一次。茶黄螨、白粉虱、蚜虫等虫害，可用灭杀毙、灭蚜威、吡虫啉等防治。

第七节　高山反季节辣椒高产栽培技术

近年来，我国高山蔬菜已迅速发展，成为我国夏秋时令蔬菜，高山蔬菜区成为我国重要的蔬菜“度淡”基地。目前高山辣椒在南方许多省份都有栽培，如湖北、湖南、贵州、浙江和福建等都有报道，尤其以湖北高山辣椒栽培发展最好、影响最大，分采收青椒和红椒两种产品。

一、选择适宜的栽培地块

1. 选择适宜的海拔高度

辣椒在海拔800～1600米的山区都可种植，海拔800～1200米的地带易受高温干旱和病虫害的侵扰；海拔1400～1600米的地带辣椒前中期生长好，病害轻，但后期因温度下降快，果实膨大慢，采收期较短。因此，高山辣椒种植以海拔1200～1400米地带最为适宜，采收期较长，产量高。并以坐西朝东、坐北朝南的地形方向为佳。在湖南和浙江海拔500～1200米的高山地区均适宜栽培辣椒，最适宜栽培的海拔高度为600～1000米，以坐西朝东、坐北朝南、坐南朝北的地形为佳。

2. 选择适宜土壤

宜选择土层深厚、土壤肥沃、排水良好、2～3年内未种过茄科作物的旱地或水田的沙质土壤或壤土，土壤pH值在6.2～7.2，不宜选择冷水田或低湿地栽培。

3. 确定适宜的栽培季节

高山辣椒适宜播种期应根据辣椒生物学特性、海拔高度和上市期综合分析确定。高山地区9月下旬后气温下降快，会出现15℃以下低温，影响辣椒开花结果与果实发育。因此高山辣椒采收期主要在8～9月。高山辣椒栽培适宜播种期为3月下旬至4月中下旬。在此播种期内，海拔高的地区要早播，海拔低的地区可适当晚播。具体播种期：海拔600～1000米为4月上中旬，海拔400～500米为4月下旬。湖北省高山辣椒栽培适宜播种期为4月上旬。在此播种期内，海拔高的地区要早播，海拔低的地区可适当晚播。海拔800～1200米的可在4月中旬播种，海拔1200～1400米的在4月上旬左右，生产红椒的不得迟于3月下旬。这样使辣椒的各个生长发育阶段基本上都能处在适宜的环境条件之下，且盛收期正值8～9月平原蔬菜秋淡时期。

二、选择适宜的栽培品种

高山辣椒应选择抗病、丰产、耐贮运的品种。生产上主要有红辣椒和青辣椒两种，生产红辣椒的品种有博辣5号、博辣6号、博辣红帅、中椒106号、中椒6号、汴椒1号、福湘秀丽等；生产青椒的品种有福湘2号、福湘碧秀、大果99、早杂2号、杭椒等。

三、培育壮苗

1. 苗床地的选择

要选择避风向阳、土壤肥沃、排水良好、离大田近、管理方便、最近一二年内没有种过茄果类蔬菜的田块。采用地膜覆盖加塑料薄膜小拱棚冷床育苗。种植一亩辣椒需用种子25～50克，苗床6～8平方米，假植苗床35～40平方米。如果播种后至定植不分苗则应稀播，每20平方米播种子50克。播种前应进行晒种和消毒处理，选用1%硫酸铜溶液浸种5～10分钟，可防治炭疽病、疫病，将预浸过的种子放入0.1%的农用链霉素液中浸30分钟，可防止疮痂病、青枯病的发生。用药剂浸过的种子，要用清水冲洗干净，才能催芽或播种。

2. 播种与假植

播种应选“冷尾暖头”的晴天上午进行。播种前整平苗床，先把苗床土浇足底水，播种不能过密，也可掺些沙土与种子混拌均匀后播种。播种后盖上筛过的营养土，厚度以刚好盖没种子为宜，盖土要均匀。覆土后，土上铺盖地膜和小拱棚以保温保湿。辣椒幼苗出土后，视天气情况，在塑料小拱棚畦两头或畦中间卷膜通风与降温，白天温度控制在20℃～25℃、夜间15℃～20℃。在分苗前2～3天要增强通风时间降温炼苗，幼苗二叶一心时分苗，密度为5厘米×6厘米，分苗后闷棚5～6天，提高温度，促进早缓苗。缓苗后，白天要增强通风，降低苗床内温度与湿度，防止高温伤苗，下雨天，覆盖小拱棚薄膜，防止雨淋与寒害。当营养钵或苗床表土见白时，才可浇水。当秧苗缺肥时，可结合浇水，追施复合肥或腐熟的稀人粪尿或喷施叶面肥等。5月上旬逐步炼苗，5月中下旬气温适宜时揭去薄膜准备定植。

四、大田栽培要科学及时

1. 施足基肥

多年连作的辣椒基地一般土壤比较瘠薄，有机质含量低，缺磷缺钾，酸性重，保水保肥能力差，而辣椒生长期长，根系发达，需肥量大，要求施足基肥。一般亩施农家有机肥2500～

3000千克，复合肥100千克、钙镁磷肥（或过磷酸钙）50千克、钾肥15千克。

2. 精细整地作畦，地膜覆盖栽培

冬闲地块需在冬天耕翻，经冷冻暴晒，改善土壤理化性状，提高土壤肥力。辣椒栽培宜高畦，要把栽培畦整成龟背形，畦中间稍高，两边稍低。畦面宽60厘米，沟宽50厘米，沟深10～15厘米。采用地膜覆盖栽培，铺膜前在畦面上喷洒除草剂和防治地老虎的药剂。铺地膜时，注意把膜拉紧，膜四周和栽培穴处用土封严、压牢。地膜覆盖栽培具有保水、防止土壤被雨水冲刷、水肥流失、土壤板结，能保持土壤疏松、减少减轻病虫草危害。

3. 适时定植

5月下旬，山区日平均气温一般稳定在15℃以上，已适合辣椒生长。如果是利用冬闲地种植的，应适时早栽，使辣椒有一个较长的营养生长期，然后转入与生殖生长并进时期，这样可使生殖生长和营养生长平衡发展，有利结好果，多结果。

4. 合理密植

合理密植的目的在于充分利用土地和光能，提高单产。一般山地土壤瘠薄，辣椒植株生长量不如平原，应略加大种植密度，一般667平方米栽3800～4200株为宜，但具体密度还应根据品种及土壤肥力而定。通常在畦上栽植2行，畦内行距40厘米，株距30厘米，定植宜选择晴而无风天的下午进行。在定植前1～2天，秧苗用65%代森锌500倍加40%乐果1500倍液喷施，使幼苗带药带土到田。

5. 合理追肥

辣椒是连续生长结果而分批采收的蔬菜，因此除施足基肥外，还要及时追施速效肥。特别要注意氮、磷、钾三要素的合理搭配施用。原则上苗期以追施氮肥为主，开花、结果期要保证氮肥，增施磷、钾肥。如果开花、结果期缺少磷，就会影响果实膨大。钾能提高叶片保水能力，节制蒸腾作用，并对叶片内糖类和淀粉的合成和转运有良好作用。追肥可以分次进行，第一次追肥为提苗肥，在定植后5～7天用人粪250千克或尿素3～5千克加水使用。基肥不足的可过5～7天再施1次。第二次为催果肥，在门椒开始膨大时施用，每亩施氮、磷、钾含量各15%的复合肥10～15千克。第三次为盛果肥，在第一果即将采收，第二、三果膨大时施。此时气候适宜，生长最快，需肥量最大，为重点追肥时期，每亩施尿素10～15千克，或复合肥15～20千克。以后每采摘1～2批青果或隔10～15天施一次肥，每次每亩施复合肥7.5～10千克，或尿素10千克。但具体的追肥次数、用量，还应根据植株长势和结果状况等来决定。湖北高山夏季雨量充沛，一般不需要浇水或灌水。

6. 要求搭架与整枝

辣椒植株因结果多、果实大，地上部的负担较重，而山地一般耕作层浅薄，土质疏松，扎根浮浅，容易发生倒伏，因此在栽培上为防止倒伏，除要加强培土外，还应设置支柱或搭简易支架等方法帮扶。支柱或简易支架，是用小竹木逐株立柱，或在畦面两侧搭成栅栏形支架，再逐株用塑料绳或稻草绑在支架上。辣椒着花节以下各节都能发生侧枝，这种侧枝的生长，往往会使营养分散，不利于花枝以上分枝的发生和延伸，有碍坐果。因此，应及时将下部侧枝抹去，生长一般或差的辣椒一般可以不打侧枝。

7. 病虫害防治

高海拔地区空气湿度大，雨量充沛，辣椒病害较严重。主要病害有疮痂病、疫病、炭疽病、黑斑病；主要虫害有小地老虎、烟青虫等。病虫害防治要做好预测预报，做到早防，采用农业防治措施和药剂防治措施相结合。药剂防治，要选准对口的低毒、低残量农药，在产品安全间隔期内喷药防治，各种农药交替使用。

（1）疮痂病防治方法：首先对种子进行消毒，其次实行轮作，发病时可选用 72%农用链霉素或新植霉素可湿性粉剂 3000～5000 倍液，或 77%可杀得可湿性粉剂 500～800 倍液等喷雾。

（2）疫病防治方法：首先对种子进行消毒，其次是在发病时可选用 72%杜邦克露可湿性粉剂 600 倍液或 64%杀毒矾可湿性粉剂 500 倍液，或 60%甲霜锰锌可湿性粉剂 500 倍液等喷雾。

（3）炭疽病防治：可选 75%百菌清可湿性粉剂 600 倍液，或 70%代森锰锌可湿性粉剂 400 倍液，或 70%甲基托布津可湿性粉剂 800～1000 倍液等喷雾。

（4）虫害防治：烟青虫防治，可选用 5%高效氯氰菊酯或 5%卡死克乳油 1000～1500 倍液，或 20%杀灭菊酯乳油 2000～3000 倍液喷雾。小地老虎防治：可选用 3%米尔颗粒剂撒施，亩用量 1.5～2 千克，或 48%乐斯本乳油 1000 倍液，或掘地虎、地虫净、50%辛硫磷乳油 800 倍液等，在铺膜前喷洒畦面再铺膜。

8. 及时采收

一般前期宜尽早采收，生长瘦弱的植株更应注意及时采收。青果采收的基本标准是果皮浅绿并初具光泽，果实不再膨大。红果采收的基本标准是果皮大部分转红并初具光泽。高山辣椒采收宜在早晨或傍晚进行，采后的果实要放到阴凉处，及时分级包装，可用纸板箱包装，贮运过程要防止果实损伤，采后迅速装上冷藏车进入冷库冷却，再及时销售。

第八节 海南两广冬季辣椒高产栽培技术

随着商品经济的发展、交通运输能力和栽培技术的提高，海南、广东、广西、云南等地区充分利用当地冬季气温高、常年霜雪冷冻少的气候优势，发展秋冬季辣椒栽培，供应长江流域及以北广大地区的12月至翌年4月的辣椒消费市场，取得了良好的经济效益和社会效益，已成为我国重要的南菜北运商品菜生产基地。现将秋种冬收和冬种春收辣椒栽培技术简介如下。

一、选择品种

利用这些地区冬季“天然大温室”的气候优势，进行集中生产，向全国各地供应为主要特点，因此要求品种耐寒性突出、抗病性强、产量高、品质优，而且耐贮藏、好运输，商品外观漂亮，符合销售地大多数居民的消费习惯。目前生产上种植比较普遍的品种有福湘2、福湘5号、福湘秀丽、甜杂1号、博辣5、博辣6号、红丰404、兴蔬绿冠、兴蔬绿燕、超级16号及茂椒5号等。

二、培育壮苗

1. 适时播种

根据本地区的气象资料，结合考虑目标市场辣椒供应的淡季时间，来安排适宜的播种时间。既要使苗期避开高温季节，又要保证植株在“三九”低温期到来之前，利用尚好天气能够开花结果，带果度过低温期，使盛果期正好处于长江流域及以北地区春节前后的辣椒供应淡季。或者是在翌年1月份低温到来之前，辣椒植株已经基本封垄，上面挂满小果，此时植株已停止生长，但不会发生冻害。低温过后，天气渐渐变暖，植株又开始恢复开花结果。2～3 月份果实开始迅速膨大，3～4 月份集中采收上市。

生产上，不同地区的播种期差别较大，一般于 7 月上旬至 10 月下旬播种，20 天左右分苗，日历苗龄 40～50 天就可定植。

2. 苗床整地施肥

选择通风向阳，排灌良好，3 年未种过同类瓜菜的地块作苗床。提前在高温季节进行深翻，同时施入干猪粪或充分腐熟的堆肥等底肥，厚度要达到 4～6 厘米。播种前 3 天，再将苗床反复翻倒，使底肥与土充分混匀，并撒施石灰进行消毒，然后作畦。畦宽 1～1.5 米，长度视情况在而定。苗床周围要开挖探 20～30 厘米深的排水沟。

3. 种子处理

每亩需用种子大约 50 克。先将种子在清水中预浸 4～5 小时，再用 10%的磷酸三钠溶液浸种 20～30 分钟，冲洗干净后，用干净的湿毛巾或布袋包好，采用催芽箱或其它方法进行催芽，促进种子出芽快和出芽整齐。

4. 苗床消毒和播种

在每平方米床面撒施磷酸二氢钾 50 克，而后浇水。水渗后，再用绿享 1 号 3000 倍液喷布床面，每平方米用药液 1～1.5 千克。随之在床面筛撒薄薄一层营养土，将种子均匀撒播到床面后，撒盖营养土 0.5～1 厘米厚，再在床面覆盖稻草或遮阳网。然后浇足水分，使土壤和种子充分湿润。

5. 苗床管理

播种后，应注意降温保湿，可用遮阳网、作物秸秆等搭遮阴棚或利用高秆作物遮阴降温。土壤湿度不够要及时浇水，防止土壤发干和幼芽干枯。经过 5～8 天，幼苗即可出土 80%。幼苗出土后，应及时揭开稻草和遮阳网。

苗期高温要经常浇水保持床土湿润，浇水应在早晨或傍晚进行，避开中午高温浇水，为防止土壤板结，要及时中耕除草。前期一般不要追肥，以苗床营养土养分为主，若发生缺肥时，可结合浇水，施入适量的三元复合肥1～2次。每次每10平方米的幼苗施优质复合肥100克，浓度为0.2%～0.3%。幼苗生长至3～4片真叶，即出苗后20天左右，假值一次，假植床的制作同播种床，假植床幼苗要增加施肥次数，每隔5～7天追肥施一次，浓度与用量同播种床。定植前7～10天重施一次“送嫁肥”，并喷用一次杀菌剂和杀虫剂的混合药液，如1.8%艾福丁乳油和70%甲基托布津可湿性粉剂。定植前5～7天要适当降温控水炼苗，以提高幼苗的抗逆性。

三、适时移植

(1) 土壤选择：辣椒忌连作，应选择前茬作物为水稻较为合适。刚开耕出来的土壤较贫瘠，加上大规模生产蔬菜，有机肥供应不能满足生产的需要，故土壤应是经过多年种植的熟土，土壤肥沃，土质结构疏松，保肥、保水、散水性好，周边有排水沟保证不积水，又有灌溉抗旱的水源。

(2) 基肥：按每亩施入优质农家肥3000～5000千克，饼肥50～100千克，过磷酸钙50～100千克，复合肥50千克作底肥。将肥料普施于地块，进行深翻整细耙平。

(3) 整地：采用窄畦深沟栽培方式，一般按1.0～1.5米开沟作畦，栽两行，单株或双株定植。

(4) 定植：8月中旬至11月均可定植，栽植的密度可适当加大，每亩栽种3000～5000株，促使辣椒集中挂果，集中供应，提高经济效益。其它各项技术操作同常规栽培。

四、加强田间管理

1. 肥水管理

秋冬季栽培辣椒以抢淡季、集中供应为特点。故加强肥水管理，促进植株生长发育，集中开花结果，促进果实快速膨大，在淡季供应市场，获取较高的效益。

定植缓苗后气温还比较高，根的吸收能力也比较强，为了促进植株早长早发，可以追施1～2次速效化肥。一般于缓苗后3天左右，在植株之间的行内开浅沟，撒复合肥于沟内，每亩每次10千克，在开花之前沟埋两次，然后覆土浇水。对于老化弱小的幼苗，可用30毫克/千克的九二〇淋蔸提苗，效果很好。开花结果后要控制氮肥用量，增施磷、钾肥，以提高植株耐低温能力。植株开花坐果后及每次采收后，可用沟埋施肥的办法施复合肥和钾肥，供果实膨大和抽发新枝、开花、结果，每亩每次施用复合肥5千克、钾肥5千克，注意施肥时，不要将肥料施到植株上和离根际太近，以防伤叶和根。在植株封行后大量挂果，气温下降，根系的吸收能力降低，沟施肥效较慢时，可改用叶面喷洒进行追肥，一般需要喷用2～3次，于无大风阴天喷施0.3%的磷酸二氢钾或氮磷钾三元复合肥，同时还可加入天达2116、叶面宝、喷施宝、保得土壤接种剂等一起混喷。加入200毫克/千克硫酸链霉素可以提高植株的抗寒能力。

一般冬季雨水少，气候干燥，土壤湿度低，应注意灌溉防旱，一般每隔7～10天灌一次跑马水，起到保持土壤湿润，加速果实膨大，灌水速度要快，即灌即排，水面不超过畦面。

2. 除草中耕

由于两广、海南、云南等地一年四季气温较高，气候适宜，杂草种子很少休眠，杂草生长快，如不及时进行除草，可能会造成草荒，增加除草难度。故每隔6～8天应进行一次除草，在萌芽状态就清除杂草，结合除草要进行中耕，特别是雨后初晴，更应中耕松土，增加土壤的孔隙，防止板结。

3. 病虫害防治

这些地区气候适于病虫一年四季繁殖，且由于辣椒规模生产，轮作有限，病虫害易于流行发生。经过多年生产的老基地，因辣椒效益好，许多菜农不惜花高代价加大施药量，造成许多天敌死亡，病虫害抗药性增强，而农药更新换代的速度跟不上，于是菜农更加加大施药次数和浓度，不仅造成环境污染，而且杀死更多的天敌，病虫害抗药性更强，恶性循环，令菜农及广大辣椒研究者头痛。合理的办法是：在冬季辣椒生产基地建立专门病虫害预没预报站，预测病虫害的发生动态和制定防治措施；统一行动，同时进行病虫害防治，防止病虫害由于甲地防治跑向乙地，乙地防治跑向丙地，不要存在防治死角；尽量采用生物制剂；于病虫害发生的初期进行防治，要防治彻底，不留后患；对于迁飞性害虫，可用人工诱杀的办法如黑光灯诱蛾、黄板诱蚜进行防治。

第九节　两广地区辣椒夏种冬收栽培技术

一、选择品种

这段时间种植的辣椒主要供应10～12月份的全国市场，因此要求品种耐热性突出、抗病性强、产量高、品质优，而且耐贮藏、好运输，商品外观漂亮，符合销售地大多数居民的消费习惯。目前生产上种植比较普遍的品种有福湘秀丽、甜杂1号、博辣5、博辣6号、红丰404、兴蔬绿冠、兴蔬绿燕、超级16号及茂椒5号等。

二、培育壮苗

1. 适时播种

一般于7月上旬至8月下旬播种，抗性强的线椒和青皮尖椒可早播，黄皮尖椒抗热性较差，一般在8月份播种。日历苗龄

25～30 天就可定植。

2. 苗床整地施肥

这时育苗往往温度高，台风多，降雨也多，应选择地势较高、排水良好、土壤疏松肥沃、3 年未种过葫芦科和茄科作物的地块作苗床。提前在高温季节进行深翻，同时施入充分腐熟的堆肥，厚度要达到 4～6 厘米。播种前 3 天，再将苗床反复翻倒，使底肥与土充分混匀，并撒施石灰进行消毒，然后作畦。畦宽 1～1.5 米，长度视种植面积而定。苗床周围要开挖探 20～30 厘米深的排水沟。

3. 种子处理

每亩需用种子大约 50 克。先将种子在清水中预浸 4～5 小时，再用 10％的磷酸三钠溶液浸种 20～30 分钟，冲洗干净后可立即播种，一般 5～7 天可出苗。

4. 苗床消毒和播种

先浇水，水渗后，再用绿享 1 号 3000 倍液喷洒床面，每平方米用药液 1～1.5 千克。随之在床面筛撒薄薄一层营养土，将种子均匀撒播到床面后，撒盖营养土 0.5～1 厘米厚，先盖一层薄膜，再在床面覆盖稻草或遮阳网。这样可防止暴雨直接冲淋到苗床表土，防止表土板结造成的烂种和不出苗。然后灌足水分，使土壤和种子充分湿润。

5. 苗床管理

播种后，应注意降温保湿，可用遮阳网、作物秸秆等搭遮阴棚或利用高秆作物遮阴降温。土壤湿度不够要及时浇水，防止土壤发干和幼芽干枯。经过 5～8 天，幼苗即可出土 80％。幼苗出土后，应及时揭开薄膜、稻草和遮阳网。

苗期高温要经常浇水保持床土湿润，浇水应在早晨或傍晚进行，避开中午高温浇水，为防止土壤板结，要及时中耕除草。在晴天上午 10 点至下午 4 点之间用竹片搭成小拱棚，上面盖遮阴网降温保湿。雨天应在小拱棚上盖薄膜，防止雨水直接淋到苗上引起病害，薄膜两头不要盖严，雨停后应立即揭开薄膜使苗床透气降湿。

前期一般不要追肥，以苗床营养土养分为主，若发生缺肥时，可结合浇水，施入适量的三元复合肥1～2次。每次每10平方米的幼苗施复合肥100克，浓度为0.2%～0.3%。幼苗生长至3～4片真叶，即出苗后20天左右，可假植一次，假植于营养钵或营养盘中，这样可提高定植后成活速度和成活率，假植后幼苗要增加施肥次数，每隔5～7天追肥施一次，浓度与用量同播种床。定植前7～10天重施一次“送嫁肥”，并喷用一次杀菌剂和杀虫剂的混合药液，如1.8%艾福丁乳油和70%甲基托布津可湿性粉剂。定植前5～7天要适当降温控水炼苗，以提高幼苗的抗逆性。

三、适时移植

1. 土壤选择

辣椒忌连作，应选择前茬作物为水稻较为合适。刚开耕出来的土壤较贫瘠，加上大规模生产蔬菜，有机肥供应不能满足生产的需要，故土壤应是经过多年种植的熟土，土壤肥沃，土质结构疏松，保肥、保水、散水性好，周边有排水沟保证不积水，又有灌溉抗旱的水源。

2. 基肥

按每亩施入优质农家肥3000～5000千克，饼肥50～100千克，过磷酸钙50～100千克，复合肥50千克作底肥。将肥料撒施于地块，进行深翻整细耙平。

3. 整地

采用窄畦深沟栽培方式，一般按1.0～1.5米开沟作畦，畦宽60～80厘米，畦高20厘米，每畦栽两行，单株或双株定植。

4. 定植

8月中旬至9月均可定植，栽植的密度可适当加大，每亩栽种3000～5000株，促使辣椒集中挂果，集中供应，提高经济效益。

四、加强田间管理

1. 肥水管理

加强肥水管理，促进植株生长发育，集中开花结果，促进果实快速膨大，在淡季供应市场，获取较高的效益。

定植缓苗后气温较高，根的吸收能力也比较强，为了促进植株早长早发，可以追施1～2次速效化肥。一般于缓苗后3天左右，在植株之间的行内开浅沟，撒复合肥于沟内，每亩每次10千克。对于老化弱小的幼苗，可用30毫克/千克的九二〇淋蔸提苗，效果很好。开花结果后要控制氮肥用量，增施磷、钾肥，以提高植株耐低温能力。植株开花坐果后及每次采收后，可用沟施或穴埋施肥的办法施复合肥和钾肥，供果实膨大和抽发新枝、开花、结果，每亩每次施用复合肥5千克、钾肥5千克，注意施肥时，不要将肥料施到植株上和离根际太近，以防伤叶和根。在植株封行后大量挂果，气温下降，根系的吸收能力降低，沟施肥效较慢时，可改用叶面喷洒进行追肥，一般需要喷用2～3次，于无大风阴天喷施0.3%的磷酸二氢钾或氮磷钾三元复合肥，同时还可加入天达2116、叶面宝、喷施宝、保得土壤接种剂等一起混喷。

前期要防积水，防止土壤水分过多，根系缺氧造成死苗。后期冬季雨水少，气候干燥，土壤湿度低，应注意灌溉防旱，一般每隔7～10天灌一次跑马水，起到保持土壤湿润，加速果实膨大，灌水速度要快，即灌即排，水面不超过畦面。

2. 除草中耕

由于一年四季气温较高，气候适宜，杂草种子很少休眠，杂草生长快，如不及时进行除草，可能会造成草荒，增加除草难度。故每隔 6～8 天应进行一次除草，在萌芽状态就清除杂草，结合除草要进行中耕，特别是雨后初晴，更应中耕松土，增加土壤的孔隙，防止板结。

3. 病虫害防治

这些地区气候适于病虫一年四季繁殖，且由于辣椒规模生产，轮作有限，病虫害易于流行发生。经过多年生产的老基地，因辣椒效益好，许多菜农不惜花高代价加大施药量，造成许多天敌死亡，病虫害抗药性增强，而农药更新换代的速度跟不上，于是菜农更加加大施药次数和浓度，不仅造成环境污染，而且杀死更多的天敌，病虫害抗药性更强，恶性循环，令菜农及广大辣椒研究者头痛。合理的办法是：在冬季辣椒生产基地建立专门病虫害预没预报站，预测病虫害的发生动态和制定防治措施；统一行动，同时进行病虫害防治，防止病虫害由于甲地防治跑向乙地，乙地防治跑向丙地，不要存在防治死角；尽量采用生物制剂；于病虫害发生的初期进行防治，要防治彻底，不留后患；对于迁飞性害虫，可用人工诱杀的办法如黑光灯诱蛾、黄板诱蚜进行防治。

第十节　越夏露地辣椒无公害栽培技术

一、品种选择

种植辣椒，应综合考虑当地的气候条件、地理位置、技术力量、经济基础和消费习惯，合理选择品种，以取得最佳经济效益。越夏栽培应选择耐热性强、抗病性突出、产量高、品质好的中晚熟品种，目前生产上普遍选用的品种有兴蔬 16 号、26 号，兴蔬203号、215号，湘研5号、15号，博辣5号、6号，湘辣4号等。

二、土壤准备

1. 土壤选择

辣椒对土壤的适应性较强，山地、平原、江河沿岸都可以种植，但应选富含有机质，土层深厚，保水保肥，能灌能排，3～5年未种过茄科作物（如茄子、辣椒、番茄和烟草等）的“二岸田”，病害较少，采收期长，产量又高，经济效益好。

2. 整地作畦

辣椒栽培忌土壤含水量过高，要求土壤疏松通气，故春天多雨地湿不宜深耕，最好是在先年冬季翻地冻垡风化，通过深耕冻化对提高土壤的通透性效果很好。翻地后要及时挖好排水沟、围沟、腰沟和畦（垄）沟，这些沟的深度依次减浅，保持土壤干松不积水。整土宜在定植前5～7天进行，过早土壤易因降雨而板结，过迟太匆忙，影响整地质量和定植的进度。整土时，底土不宜整得过小，最底层土块通常要大如手掌，可增加底层大孔隙，对前期排水、后期灌水都有利，表层土壤要整细整平，利于定植后幼苗根与土结合，促进幼苗成活和根系发育，也利于农事操作，除草中耕。为了保证辣椒土壤的干松状态，切忌湿土整地，湿土整地因人脚践踏和工具的机械压力会使土壤形成泥浆，又紧又湿，透气性特别差，辣椒根系生长不好，易造成沤根、死蔸。为方便农事操作、排水和沟灌，宜采用窄畦或高垄，按1.5～2米开沟起垄，垄面宽1～1.5米。整好地后按中熟品种(0.4～0.5)米×0.5米，晚熟品种0.6米×(0.6～0.8)米的参考株行距挖定植穴。

三、基肥

辣椒越夏栽培施足基肥，可以保证生育期间获得足够而均匀的养分，减少因追肥不及时造成缺肥而落花落果的现象。南方前期多雨可减少追肥次数，有利于维持土壤良好的通透状态。基肥应以肥效持久的有机肥为主，于先年冬季堆制而成。一般可用园土和农作物秸秆为主，加入人畜粪尿，进行沤制，每亩用量为5000千克，另加50千克过磷酸钙和100千克饼肥。饼肥通常用菜籽饼，经碾碎，发酵，充分腐熟。定植前3天，先将过磷酸钙和饼肥施入定植穴底部，用小锄头将其与土拌合并散开，定植前再用堆肥土填平定植穴。南方春季多雨，不宜多用含氮较多的速效精肥（人粪尿等）做基肥，更不宜用速效化学氮肥做基肥。

四、定植

辣椒的露地定植期主要决定于露地的温度状况，各地宜在晚霜过后，土温升到10℃～12℃时才定植，一般来说，露地栽培定植期应比地膜覆盖栽培迟3～7天。辣椒定植宜选在晴天进行，晴天土温高，有利于根系的生长，促进活棵，晴天栽苗虽然容易出现萎蔫（是植物的一种保护性的适应现象），只要幼苗健壮，栽苗后产生某种程度的暂时萎蔫现象，是正常的。阴雨天栽苗，植株虽然不萎蔫，但土温低，由于栽苗时人为的活动，易造成土壤黏着板结，不利于发根，成活率低，所以晴天栽苗缓苗快，阴雨天栽苗缓苗慢，而且不发苗。定植后，要及时浇足压蔸水，促进根系复活。北方因春季干旱，常用暗水稳苗定植，即先开一条定植沟，在沟内灌水，待水尚未渗下时将幼苗按预定的株距轻轻放入沟内，当水渗下后及时进行壅土、覆平畦面。辣椒定植不宜过深，以与子叶节平齐为标准。

五、水分管理

辣椒定植后，主要是松土保墒，促进发根，促进开花结果。门椒坐住以后，要经常保持土壤湿润，使植株、果实同长。如果门椒没坐住以前就灌水，不但降低土温，影响缓苗，也容易造成徒长，延迟坐果。如果坐果后仍较长时间不灌水，土壤干旱，植株生长就会矮小，甚至会引起落花、落果，导致减产，所以露地辣椒灌水期，一般在门椒长到最大体积时进行，但早熟品种的灌水期可以适当提前，进入盛果期，天气逐渐进入高温干旱时期，无论南方还是北方，辣椒枝叶繁茂，叶面积大，水分蒸发多，要求较高的土壤湿度，理想的土壤湿度为80%左右，每隔7～10天应进行沟灌，以底土不现干，土表不龟裂为准。灌溉的技术要点如下：

（1）灌水前要除草、追肥，避免灌水后发生草荒和缺肥。

（2）看准天气，避免灌后下雨，造成根系窒息，引起沤根和诱发病害。

（3）在气温、地温、水温较凉的时候进行，一般于午夜灌进，天亮前排出，要急灌、急排，灌水时间要尽可能缩短，进水要快，湿透土心后立即排出，不能久渍。

（4）灌水量宜逐次加深，第一次灌畦高的1/2，第二次约畦高的2/3，第三次可近畦面，始终不可漫过畦面。

（5）发生病害的田块不宜串灌，以免引起病害传染流行发生。

六、追肥

辣椒追肥应根据各个不同生育阶段的特点进行，菜农在实践中根据辣椒的需肥特点和施肥要点概括了一套经验即：轻施苗肥，稳施花肥，重施果肥，早施秋肥。

1. 轻施苗肥

此阶段为幼苗成活后至开花前，施肥的主要作用在于促进植株生长健壮，为开花结果打好基础，一般在辣椒定植后 7～10 天，幼苗恢复生长，即可追施粪肥稳苗。肥液浓度要低，以一成稀为好，忌单施氮肥，防止植株徒长，延迟开花。一般结合中耕，于晴天上午每亩施入人畜粪尿 500 千克，每隔 4～6 天追肥一次，一直施到辣椒开花。

2. 稳施花肥

此阶段为开花后至第一次采收前，施肥的主要作用是促进植株分枝、开花、坐果。一般每亩可施入两成稀畜粪尿 500 千克，另加氮磷钾复合肥 10 千克，3～5 天追肥一次，浓度不宜太高，分量也不宜过多，否则易导致徒长，引起落花，过低则导致植株缺肥，满足不了植株分枝、开花、坐果的需要。

3. 重施果肥

此期为第一次采收至立秋之前，植株进入结果盛期，是整个生长期中需肥量最大的时期. 因此，施肥要多要浓。一般每亩每次施三成稀人畜粪尿 1000 千克，氮磷钾复合肥 20 千克，必要时加尿素 10 千克，每采收一次追肥一次。值得注意的是此期正值夏季炎热，土壤溶液浓度较高，追肥不当，易烧根引起落花、落果、落叶或全株死亡。因此追肥要与浇水灌溉结合起来，控制好浓度。

4. 早施秋肥

翻秋肥对于中晚熟品种越夏栽培很重要，可以提高后期产量，增加秋椒果重。夏季过后，气温逐渐降低转凉，立秋和处暑前后追肥一次，每次每亩施人畜粪尿 1000 千克，氮磷钾复合肥 20 千克，可以促进辣椒发新枝，增加开花坐果数。翻秋肥施得过晚，气温已下降，不适于辣椒开花坐果，肥效难以发挥作用。

以上人畜粪尿要充分腐熟，一定要注意所浇粪水的浓度，如用草木灰，请不要与粪水混施，避免铵态氮变成氨气而挥发掉。

如果植株根系受到损伤，吸收能力弱，植株缺肥，可先用10～30毫克/千克的九二〇淋根，促发新根，然后实行叶面追肥。叶面追肥最好在露水未干的早晨或蒸发量较小的傍晚进行，可防止溶液很快干燥，有利于叶面吸收。不要在日光充足的中午或刮风天喷施，防止快速干燥，影响吸收，也不要在雨中或雨前喷洒，防止肥料被雨水冲刷掉，起不到追肥的效果。适于作叶面喷施的肥料一般为化肥如尿素、磷酸二氢钾及一些可溶性微肥等。

七、中耕除草培土

由于浇水施肥及降雨等因素，造成土壤板结，定植后的辣椒幼苗茎基部接近土表处容易发生腐烂现象，应及时中耕，中耕一般结合除草进行，生长前期的中耕能提高地温，增加土壤透气性和促发新根的作用。中耕的深度和范围随植株的生长而加深和扩大，以不伤根系和锄松土壤为准，一般进行3～4次，植株封行前进行一次大中耕，深挖10～15厘米，土坨宜大，便于通气爽水，此后，只进行锄草，不再中耕。越夏栽培的辣椒一般植株高大，结果较多，要进行培土打撑防倒伏，在封行以前，结合中耕逐步进行培土，根系随之下移，不仅可防止植株倒伏，还可增强其抗旱能力。

八、覆盖

盛夏季节，气温高，光照强，土壤蒸发量大，为防止土壤水分过分蒸发，宜在封行之前，高温干旱未到之时，利用稻草或农作物秸秆等，在辣椒畦面覆盖一层，这样不但能降低土壤温度，减少地面水分蒸发，起到保水保肥的作用，还可防止杂草丛生，浇水时可减少水对畦面表土的冲击，防止土表的板结。通过地面覆盖的辣椒，在顺利越夏后，转入秋凉季节，分枝多，结果多，对提高秋椒产量很有好处。覆盖厚度以3～4厘米为宜，太薄起不到应用的覆盖效果，太厚不利辣椒的通风，易引起落花和烂果。

九、采收

越夏栽培的辣椒均是中晚熟品种，青椒始收期为6月下旬至7月初，7月中旬为盛收期，以后还可陆续采收，一直到霜冻前。但到8月份，因高温干旱影响，结果数减少，仍要做好灌水、追肥、防治病虫等田间管理工作，使植株生长发育良好，在天气进入秋凉以后，气温适宜辣椒的结果，又可采摘大量果实上市。辣椒整个上市期长达100～150天，是夏秋季供应期最长的一种蔬菜。

辣椒是多次开花、多次结果蔬菜，及时采摘有利于提高辣椒产量，采收过迟，不利于植株将养分往树上部输送，影响上一层果实的膨大。但也不能采摘过嫩，使果实的果肉太薄，色泽不光亮，影响果实的商品性。青果的采摘标准是果实表面的皱褶减少或果实色泽较深，光洁发亮。红椒也不宜过熟，转红就摘，过熟水分丧失较多，品质、产量也相应降低，不耐贮藏。采摘应在早晚进行，中午因水分蒸发多，果柄不易脱落，容易伤树。采摘时不可左右翻，动摇植株。

第十一节　玉米间作辣椒栽培技术

辣椒与玉米间作，可以充分利用光热、水土资源，并能有效减轻病虫的危害。因为间种使作物高矮成层，相间成行，有利于改善作物的通风透光条件，提高光能利用率，充分发挥边行优势的增产效应。辣椒与玉米间作可以适当遮阴，有利于植株生长，可以有效防止蚜虫传播病毒病，从而达到减少三落，增加产量的目的，特别是在辣椒大产区，连作病害严重，采用辣椒玉米间作，利用相互间的抑制和促进作用，有效的减轻辣椒的病虫危害。

栽培形式，一般采取带宽 8 米，行比为 2∶6，玉米与辣椒均采用大垄双行的栽培形式。

1. 品种选择

玉米品种选择边行效应明显，喜肥水，抗病性强的高产品种，如震旦 958、先玉 335 等。辣椒品种选择耐贮运、采收期长，能连续坐果的高产品种，如兴蔬 16 号、博辣 5 号等。

2. 辣椒育苗

辣椒的苗龄一般为 50～80 天，华北地区可在 3 月底至 4 月上旬开始育苗，先进行温汤浸种，浸透后催芽，一般 5～7 天后有 50%露白即可播种。播种床可采用电热温床或双层膜拱棚。要保持土温不低于 10℃，白天气温在 20℃以上，夜间气温在 10℃以上。每亩大田需苗床 5 平方米左右。出苗后适当降低温度，幼苗 3～4 片真叶时移苗，定植前注意炼苗。

3. 选地、整地、覆膜

以能排、能灌肥沃壤土为宜。要及时深翻，结合做垄每亩施入优质农家肥 5000 千克。垄距 1 米，垄高 15 厘米，垄面宽 60 厘米，垄底宽 70 厘米，在垄面中央铺滴灌用的塑料软管，然后覆上黑色地膜。

4. 玉米播种

一般在 4 月中下旬播种，按小行距 0.3～0.35 米，株距 0.33 米，先打孔，然后干播 3～4 粒种子，封好穴，如底墒不好可通过滴灌管灌水，每亩可施二铵 15～20 千克。

5. 辣椒定植

一般在 4 月底至 5 月上旬定植。定植前一天苗床要打透水，第二天起苗时尽量多带土坨，定植前按小行距 0.4 米，株距 0.4 米，按"之"字形排列，然后先栽苗再浇水，待水渗下后，用细土封好字形排列苗眼。定植结束后，用滴灌管灌一次小水。

6. 田间管理

(1) 采收前的管理：定植后尽量少浇水，缓苗后结合浇水施一次肥，通过施肥器接到滴灌管上随水带入，每亩施尿素 15 千克，钾肥 10 千克。门椒以下的侧枝应及时摘除。

(2) 始收到盛果期的管理：为防止坠秧，应尽早采收门椒，及时浇水，在采收后结合灌水，每亩施复合肥 20 千克，分 2～3 次施，一般每 7 天喷一次代森锰锌或百菌清 500～800 倍液，防治炭疽病等。发现玉米或辣椒上有蚜虫，应及时喷乐果防治。7～10天喷一次敌百虫防治棉铃虫及烟草夜蛾等。

(3) 高温季节及生长后期应注意保持土壤湿润，又要做好排水工作，防止因雨水浸泡发生沤根、疫病以及雨后高温引发疮痂病，高温季节注意防治病毒病。

(4) 结果后期高温雨季过后，气候逐渐转凉，要及时浇水，尽早施用速效肥，如尿素等，促进植株尽早发秋梢，形成二次坐果高峰，从而达到高产的目的。

(5) 间作玉米管理：玉米出苗后，长至 5～6 片叶时定苗，适当蹲苗，减少弱苗，分别于苗期、拔节期、抽穗前追三次尿素，每亩共计 30 千克，适量浇水，可用赤眼蜂防治玉米螟。防治蚜虫和棉铃虫与辣椒同时进行。进入后期，要及时浇抽穗开花水和灌浆水。

(6) 采收：应及时采收辣椒，防止辣椒果实压树，特别是第一、第二批果实，应及时采摘，保证植株正常生长，以利于高产。玉米一般在完熟期收获，此时靠近胚的基部出现黑层，可人工将果穗摘下，运回场院剥去苞叶晾晒。田间的玉米秆要待辣椒拉秧时一起清理。

第十二节 棉花间作辣椒栽培技术

长江中下游流域及黄河流域种植棉花和辣椒较多，为了有效提高棉田和辣椒的生产效益，可以发展棉花辣椒立体间作。棉花一辣椒高效种植模式，在不影响棉花产量的同时，每公顷收辣椒4.5万千克，增纯效益3万元以上，且投入少、病虫危害轻、易管理，是值得大力推广的棉花高效生产模式。

一、品种选择

实施棉花-辣椒间作，品种选择是成功与否的关键。辣椒（鲜食型）选用生育期短、株型小、结果性强、适宜早春栽培泡椒或甜椒。棉花采用增产潜力大的优质杂交棉或常规抗虫棉。

二、种植模式

1.1米一带，1行棉花，2行辣椒，一膜两用，起垄种植，垄高12厘米，棉花种在中间高垄，辣椒种在两侧低垄。棉花等行距1.1米，株距28厘米，密度每公顷3.24万株。辣椒小行距50厘米，大行距60厘米，株距28厘米，辣椒与棉花间距30厘米，密度每公顷6.45万株。

三、育苗技术

辣椒育苗床土配制，应选用3年内未种过茄科作物的肥田土和腐熟有机肥，两者各占50%。用阳畦或温室育苗，定植1公顷辣椒需育苗床75～90平方米，分苗床525～600平方米。每公顷用种0.9～1.1千克。播种前先用10%磷酸钠浸种15分钟，后用清水浸种8小时，冲洗干净，洗去表皮水分，用湿布包好，放在30℃条件下催芽。

1月中下旬至2月上旬播种，选择晴天上午进行辣椒播种。首先泡地，水渗后撒薄层多菌灵药土，每平方米8~10克，然后均匀播种，播后盖少量药土，再盖细土1厘米，随后覆盖地膜保温保湿。出苗后白天保温25℃，夜间15℃～18℃。白天及时揭苫，傍晚及时盖苫。真叶出现前喷杀毒矾500倍液防猝倒病，2片真叶时喷0.3%磷酸二氢钾和0.3%尿素混合液，促进生长，3片真叶后可分苗，7～8片真叶时可结合浇水，每平方米追施尿素20克，栽苗前10天加大通风量，降温炼苗。

四、定植

4月中下旬田间定植。间作田每公顷底施二铵375千克，尿素300千克，硫酸钾225千克，耕翻后再沟施有机肥45立方米。或鸡粪15立方米，浇水造墒、然后按垄宽80厘米、垄高12厘米，1.1米起垄，覆盖地膜。在地膜两侧定植辣椒，随后浇缓苗水。

4月中下旬在膜中间点种1行棉花，每公顷密度3.24万株。

五、田间管理

(1) 辣椒田间管理：辣椒抗病性强，病虫害少，易管理，但要适时浇水，当门椒长到4～5厘米时浇水，每公顷追施尿素225千克。进入盛果期视降雨情况浇水并追施尿素150～225千克。辣椒病害主要是疫病，当夏季雨水较大时易发生，可喷施杀毒矾、甲霜灵锰锌、普力克等杀菌剂进行防治。对棉铃虫、烟青虫，可用20%杀来菊酯乳油3000倍或25%溴氰酯乳油2000倍溶液防治。辣椒成熟后及时采摘，防止田间腐烂，辣椒结果期较长，株形较小，而棉花株形高大，辣椒与棉花间作自然形成对辣椒遮阴小气候，6～7月份田间气候有利于辣椒的生长和结果。进入8月份温度上升，辣椒结果能力下降，如果对棉花生长产生影响可进行拔秧，如影响不大，结果可持续到10月份。

（2）棉花田间管理：因间作田前期浇水较多，棉花盛蕾期—盛花期要加强防控，除虫剂须选用低毒低残留农药品种，其它管理同大田棉花。

第十三节　小麦间作辣椒栽培技术

小麦行间套栽辣椒，能充分发挥土地、光热、劳力、生产资料的资源利用率，增加产量，提高农业经济效益；并且小麦套辣椒的田块改变了原来的光、热、湿等条件，减低了田间的发病率，尤其前期以小麦植株作屏障对辣椒有很好的挡风防寒作用，有利于辣椒提早上市，这种栽培技术在小麦种植区很受欢迎。

一、田地和品种选择

选好地块和茬口，要选择有灌溉条件，地势平坦，土壤肥沃，pH值6～7，含有机质1%以上的壤土或沙壤地种植。套种辣椒的田块，要选择禾本科茬，豆茬最好，且要在前3年内未栽培茄科类蔬菜。

选择优良品种小麦要选择株高70～80厘米，茎秆坚硬，特别抗倒伏、早熟、产量高、品质优的良种。辣椒品种应选用高产、易管理、市场销路好的陕椒2003、山樱椒、博辣红秀等品种。

二、种植模式

麦辣套种的最佳带型是133厘米，播种5行小麦、占地73厘米，留空地60厘米，在初夏套栽辣椒，行距52厘米，麦收后的辣椒就成为81厘米和52厘米的大小行栽培方式。这种带型，小麦边际效应大，通风透光好，产量很高，而且有利辣椒套种，方便采收。

三、育苗技术

培育辣椒壮苗的标准是株高 15 厘米左右，茎秆粗壮，苗子敦实，叶色青绿，叶肉肥厚，根系发达，生长势强，一般 1 亩大田需苗床地 36 平方米。采用坑式阳畦小拱棚育苗，其苗床宽 120 厘米，长 100 厘米，深 12～15 厘米，四周用拍板打实，坑上深耕 10 厘米。在播种前 10 天，每床施腐熟的牛、猪、鸡粪 200 千克，三元复合肥 1 千克，与土壤混匀待用。播种时间在 3 月中、下旬，苗龄 40～50 天。在播前将苗床平整成水平型，灌一次透水，水位达到坑墙壁的 2/3 处，并待水下渗后进行育苗。在撒种前畦面需再平整一次，达到地平如镜后，均匀的撒播种子。随后用过筛的 1∶1 粪土覆盖种子，厚度 1 厘米。播种后及时搭好小拱棚保温保湿。在出苗前，棚温保持白天 22℃～28℃，夜间 12℃～18℃，不揭棚放风。出苗后棚温一般控制在 20℃～28℃，最高不能超过 30℃，最低不能小于 10℃。采用通风方法调整好棚内的温度，以防烧苗。出苗后，在晴朗天的下午，将杂草拔除干净，发现苗床土壤缺水，可灌一次小水补充。在移栽前一天，可灌一次水，以利取苗带土移栽。

四、定植

根据当地的气候播种定植，合理密植小麦的播种期在 10 月 1～10 日，辣椒移栽定植期在 5 月 10～15 日。小麦的合理密度为每亩播种 7 千克种子，出基本苗 15 万～18 万棵，成穗 35 万～40万棵。辣椒的合理密度是大行距 81 厘米，小行距 52 厘米，株距 26 厘米，每穴移栽 1～2 株，每亩栽植密度 5000～8000 株。

平衡施用肥料，小麦一般每亩施碳酸氢铵 88 千克，或尿素

33 千克；施过磷酸钙 63 千克，硫酸钾 33 千克。将计划施肥总量中 80%的氮肥、钾肥，100%的磷肥作基肥；余 20%氮钾肥在拔节后借降雨施作追肥。辣椒以需肥量和吸收率计算，每亩应施尿素 22～30 千克，过磷酸钙 27～30 千克。应将计划施肥总量的 70%在缓苗后追施促棵肥，余 30%在培土时的四门斗期追施。施后及时盖土，以减少挥发损失。

五、田间管理

加强田间管理小麦的田间管理应抓好冬前锄草（化除），冬灌水，开春碾耕保墒；防治小麦条锈病、吸浆虫、蚜虫，促进和保护小麦健壮生长。辣椒管理应抓好七点：①移栽后及时灌缓苗水。一般下午移栽，晚间灌水，第二天下午追肥和浅中耕保墒，促进发苗。②在缓苗后的 25～30 天内，控制田间土壤持水量在 60%左右，以利蹲苗。③在植株生长到四门斗期，进行第二次追肥，并培土防倒伏。④盛花坐果期为辣椒需水的高峰期，应及时灌水，促进多开花、多坐果。这时期持水量应控制在 70%～80%。⑤为了预防“三落”，从开花期到成熟，每隔 7～10 天喷一次 0.4%磷酸二氢钾和 0.2%硼砂，及 0.1%硫酸锌溶液。⑥在果实膨大期遇到干旱、土壤缺水时，可采用隔行方式灌一次水。⑦及时防治病虫害。病毒病初发时，可用 1.5%植病灵、病毒 A1000 倍液防治。炭疽病可用 70%代森锰锌可湿性粉剂 800 倍或 50%多菌灵可湿性粉剂 800 倍液防治。青枯病可用 72%农用链霉素 4000 倍或 401 抗菌剂 500 倍液灌根防治。对茶黄螨可用 18%阿维菌素乳油 1500 倍液或 15%哒螨灵乳油 3000 倍液防治。对棉铃虫、烟青虫，可用 20%杀来菊酯乳油 3000 倍液或 25%溴氰酯乳油 2000 倍溶液防治。⑧适时收获，为了缩短小麦和辣椒的共生期，要在小麦进入蜡熟后期，完熟初期进行收获。小麦早收 2 天，辣椒就早发 2 天，有利形成壮株。辣椒做到红熟一批，及时采收一批，以达植株营养供给后续椒生长。在拔辣椒秆前 15 天，为了促进晚青椒成熟，可用乙稀利 800～1000 倍液喷洒株果，以促进成熟和着色，提高商品率。

第十四节　西瓜套种辣椒栽培技术

西瓜为匍匐栽培作物，侧根较发达，对养分吸收的面广而相对较浅。辣椒为直立栽培作物，体形小，侧根不发达，生长势相对较弱，对养分吸收的面窄而相对较深。两种作物进行合理搭配套种，相互间影响较小，可以达到提高土地利用率、提高灌水效率、减轻病害和增产增收的目的。

一、品种选择

西瓜应选用早熟、坐果稳的高产优质品种。像京欣 1 号、农田五号和豫西瓜八号比较合适。辣椒宜选用中熟、抗病耐热、恋秋结果性好且耐贮运的高产品种如兴蔬 16 号或湘研 16 号比较适宜。

二、种植模式

按行距 1.7～2 米做宽 50～60 厘米，高 30～35 厘米作为定植西瓜垄覆盖地膜，每垄栽一行，株距 45～50 厘米，西瓜定植 7～10 天后，在每一行西瓜两侧栽种两行辣椒，穴距 45～50 厘米，每穴双株。即每两株西瓜之间、距垄中心 25 厘米对称栽两穴辣椒。

三、育苗

辣椒育苗宜采用先在土壤畦内育成小苗，而后分栽到无土基质穴盘内养成大苗的方法。培育小苗的播种床可设于日光温室内，也可利用大棚（或小拱棚）。每种植1亩需备5～7平方米苗畦的壮苗。各地根据气候选择播种期，长江流域一般2月1～10日播种。整好苗畦，浇足底水，干籽均匀撒播，覆土0.5～1厘米，盖好地膜和小拱棚膜。当幼苗有70%左右出土时，于傍晚揭去地膜，次日上午覆土一次，以弥缝、压根、保墒。3月10～15日，幼苗长至3～4叶1心时即行分苗。用每盘72孔穴盘，内装无土基质（与西瓜育苗基质相同）。每穴双株分栽，每亩需分苗30～35盘。辣椒苗期管理技术除温度调节应比西瓜低2℃～3℃外，其它基本相同。

西瓜育苗播种期为3月5～10日，育苗设施可采用阳畦（或小拱棚），应用营养钵无土育苗法。营养钵选用直径8～10厘米的塑料钵。无土基质的配法是：取60%～70%的充分腐熟牛粪或秸秆堆肥、30%～40%的粉碎花生壳，混拌均匀，然后再按每1立方米内拌入氮磷钾三元复合肥1～1.5千克和150～200克苗菌敌。基质应提前20～30天制好，堆闷备用。

育苗过程中须抓好以下几个主要技术环节：第一，播种前2～3天装好营养钵，浇足底水，盖上地膜和阳畦膜，借以提前提高地温。第二，温烫浸种、催芽，种子萌动、胚根长度达种子长度的1/4～1/3时结束。第三，选晴天上午每钵播入单粒种子，平放，盖基质2厘米厚，随即盖好地膜，封严阳畦膜。第四，播种后至出苗，每天早晚及时揭盖草苫，尽量争取光照、促使升温、保温，加快幼苗出土。第五，幼苗出齐时于下午日落前揭去地膜，次日早上对顶壳出土苗实行人工脱壳，喷水少许，稍晾后均匀覆盖基质（1～1.5厘米厚），以压根保墒。第六，苗期通过及时揭盖草苫和薄膜放风、调节合理温度。晴天白天28℃～33℃，夜晚18℃～20℃，阴天应低2℃～3℃。3月10日以后夜晚不再覆草苫。定植前5～7天白天加大通风，夜晚不再闭合风口以炼苗。第七，秧苗一叶一心时喷浇透一次肥料水（300克尿素＋150 克磷酸二氢钾＋100 千克水），并在次日覆盖基质 1 厘米厚保墒。

四、定植

4 月 5～10 日定植，每垄一行，株距 45～50 厘米。破膜打孔，栽苗，穴浇水，封土，忌大水漫灌。西瓜秧苗定植后 7～10 天定植辣椒，其密度为每一行西瓜两侧栽种两行辣椒，穴距 45～50厘米，每穴双株。即每两株西瓜之间、距垄中心 25 厘米对称栽两穴辣椒。穴栽，穴浇，穴封土，忌大水漫灌。

五、田间管理

1. 辣椒的田间管理

辣椒在西瓜拉秧前一般不另做肥水管理，只需及时去除主茎上的小侧枝。西瓜收获后进入辣椒管理的重要时期，其主要技术要点有：第一，及时清除瓜秧、杂草，重施一次追肥（每亩穴施饼肥 100 千克或烘干鸡粪 150 千克），培土封埂。第二，套栽玉米用于炎夏遮阴（玉米应在 5 月中旬至 6 月初育苗。每两行辣椒之间栽一行，穴距 70 厘米，每穴双株。8 月上旬收获玉米嫩穗，清除秸秆）。第三，8 月上旬和 8 月下旬各追肥一次，每亩穴施三元复合肥 20 千克。第四，浇水需掌握，立秋前见干即浇一次小水（清早浇），此后水分满足供应。第五，雨季严防田间积水造成沤根死棵。

2. 西瓜的田间管理

（1）追肥：团棵后开始拖秧前，追肥一次促秧肥，每亩穴施尿素 10 千克。定瓜后（瓜直径 10 厘米左右），追肥一次促瓜肥，每亩穴施西瓜专用肥 15～20 千克。第一次追肥后浇一次透水；开花坐果前和第二次追肥后各浇一次小水；瓜快速膨大期（瓜直径 20 厘米左右）浇一次透水；开花坐果期和瓜长成后的转熟期忌浇水。

（2）整蔓与留瓜：每株留三条蔓，每条蔓上的侧蔓除留瓜节外（此节上侧蔓留 30～40 厘米摘心）全部及时去除。三条主蔓生长至超过对称垄行后摘心。留瓜部位应在距根部 1.3～1.5 米处，一般为第二或第三个雌花（瓜纽）。三条蔓均留一瓜，待幼瓜生长到直径 5 厘米左右时，选留一个瓜秀长且茸毛稠密又发亮的，其余的摘除（即定瓜）。

六、病虫害防治

（1）西瓜和辣椒在苗期的病虫害基本相似，即病害主要是猝倒病和立枯病，虫害以蚜虫和白粉虱为主，防治应从幼苗出土开始每 7～10 天喷洒一次普力克、枯必治和高锰混合液即可。

（2）定植时预防土传病害：根腐病、枯萎病等是西瓜、辣椒共同易感染的土传病害，尤以西瓜重茬种植最易重发。在定植水内加入恩益碧和秀苗，可收到良好的防治效果（并具有显著的增根、壮棵、保花保果之功效。西瓜使用后可替代用葫芦作砧木嫁接来防治土传病害的作用）。其用量是西瓜每 100 千克水加恩益碧 26 毫升和秀苗 100 毫升，辣椒减半。

（3）西瓜、辣椒共生期以防治西瓜病毒病、炭疽病、疫病和蚜虫、白粉虱及黄守瓜为主，兼防辣椒病毒病和疫病。应坚持每 7～10 天田间喷一次宁南霉素、霉素、使百克、高锰和高氯菊酯混合液予以防治。

（4）辣椒单独生长期病虫害防治：西瓜拉秧后辣椒进入生长及开花结果旺盛期，同时也是夏季的病虫害高发期。其主要病虫害有病毒病、疫病、菌核病、叶霉病、炭疽病、棉铃虫、烟青虫、甜菜夜蛾、斜纹夜蛾，可用下列两个混合配方，田间 7～10 天交替喷补一次。配方一：宁南霉素十嘧肽霉素＋杀毒矾＋使百克＋安打；配方二：代森锰锌＋病毒 A＋使百克十高氯菊酯。若有茶黄螨发生应混入螨即死或杀螨灵。喷药应注意四点：第一，下午 4 点以后喷药。第二，若喷药后 12 小时内遇雨，在雨停后补喷。第三，连续阴雨后天气突然转晴，是病害重发期，应及时喷药。第四，每次喷药须保证质量，即重喷叶背、上中下各部位喷匀。

第六章　辣椒病虫害及防治技术

第一节　辣椒病害及防治技术

一、辣椒猝倒病

猝倒病是辣椒苗期重要病害之一，全国各地均有分布，常因育苗期温度和湿度不适、管理粗放引起，发病严重时常造成幼苗成片倒伏死亡。该病除为害辣椒等茄科蔬菜外，瓜类、莴苣、芹菜、白菜、甘蓝、萝卜、洋葱等蔬菜幼苗均能受害。

1. 症状

幼苗出土前发病引起烂种烂芽，幼苗出土后发病，茎基部呈黄绿色水渍状，后很快转黄褐色并发展至绕茎一周。病部组织腐烂干枯而凹陷，产生缢缩。水渍状自下而上扩展，幼苗倒伏于地。发病初期，苗床上只有少数幼苗发病，几天后，以此为中心逐渐向外扩展蔓延，最后引起幼苗成片倒伏死亡。

2. 病原及发病规律

由鞭毛菌亚门腐霉属真菌浸染所致。病菌以卵孢子或菌丝体在土壤中或病残体上越冬。第二年春天遇合适条件卵孢子产生游动孢子或直接萌发芽管，菌丝体在发育成孢子囊后产生游动孢子，浸染胚芽或幼苗，引发猝倒病。病菌可由雨水和灌溉水进行传播，也可由带菌种子、肥料、移栽等农事活动也能传播病菌。

影响猝倒病发生程度的主要因素是土壤温度、湿度、光照及苗床管理水平。土壤含水量大、空气潮湿、温度在30℃～36℃或8℃～9℃之间，适宜病菌生长，但不利于幼苗的发育，因而发病重。苗期管理不当也常为病害发生提供条件，如播种过密、大水漫灌、保温放风不当、秧苗徒长、受冻等。此外，地势低洼、排水不良和黏重土壤及施用未腐熟堆肥，也容易发病。

3. 防治方法

（1）合理选择苗床：苗床应选择地势高燥、避风向阳、排灌方便、土壤肥沃、透气性好的无病地块。为防止苗床带入病菌，应施用腐熟的农家肥。

（2）苗床处理：播前苗床要充分翻晒，旧苗床应进行苗床土壤处理。常用50%多菌灵可湿性粉剂每平方米苗床8～10克，加细土5000克，混合均匀。取1/3药土作垫层，播种后将其余2/3药土作为覆盖层。

（3）种子消毒：用40%甲醛100倍液浸种30分钟后冲洗干净或用4%农抗120瓜菜烟草型600倍液浸种30分钟后催芽播种，以缩短种子在土壤中的时间。

（4）加强栽培管理：①与非茄科、瓜类作物实行2～3年轮作；②铺盖地膜阻挡土壤中病菌溅附到植株上，减少浸染机会；③苗床土壤温度要求保持在16℃以上，气温保持在20℃～30℃之间；④出齐苗后注意通风，同时加强土壤中耕松土，防止苗床湿度过大。保持育苗设备透光良好，增加光照，促进秧苗健壮生长；⑤发现病株及时拔除，集中烧毁，防止病害蔓延。

（5）药剂防治：发现病株后及时处理病叶、病株，并全面喷药保护。防效较好的药剂有4%农抗120瓜菜烟草型500～600倍、75%百菌清800倍液、50%多菌灵可湿性粉剂600倍液、70%代森锌500倍液、每7天喷1次，连喷2～3次。以上药剂交替使用效果更佳。

二、辣椒立枯病

1. 症状

本病一般在辣椒真叶出现以后、开花结果以前为害，严重时也能使种子腐烂。幼苗白天萎蔫，夜间恢复，反复几天以后，枯萎死亡。茎基部生椭圆形、暗褐色病斑，略凹陷，扩大到茎基部周围，病部收缩干枯，叶色变黄凋萎，根变褐腐烂，直至全株死亡，由于本病发生在木栓化以后，一般不倒伏，立枯病因此而得名，湿度高时，病部生褐色稀疏的蛛网状霉，不长明显的白色絮状霉层，这可与猝倒病区别。

2. 病原及发病规律

属真菌立枯丝核菌，病菌以菌丝或菌核在土壤内病残体和有机质上越冬，腐生性强，可在土中存活 2～3 年，寄生范围很广，床土带菌，是幼苗受害的主要根源。病菌发育最低温度为 13℃，最高 42℃，最适 24℃，气温在 15℃～21℃最易发病，在 18℃～20℃发病严重。病菌对酸碱度适应范围较广，pH3.0～9.5 均能适应，以在弱酸条件下发育良好。病菌通过水流、农具等媒体传播。凡温暖潮湿、播种过密、浇水过多、间苗不及时均易发病。

3. 防治方法

（1）尽量避免使用带菌土壤，苗床进行消毒（参看辣椒猝倒病防治）。

（2）不使用未腐熟肥料。

（3）做好苗床的通风透气工作。

（4）发病前期喷 75%百菌清或 70%敌克松 600 倍液。

（5）发病后，可撒草木灰或干细土并清除病苗。同时可选用 72.2%普力克水剂 600 倍液，45%特克多悬浮剂、50%扑海因可湿性粉剂 1000 倍液喷浇根颈部，每 7～10 天喷一次，视病情防治 1～2 次。本病可结合猝倒病一并防治。

三、辣椒灰霉病

1. 症状

辣椒灰霉病自苗期至成株期均可染病，主要危害叶片、茎秆、花、果实。苗期发病，初始子叶顶端褪绿变黄，后扩展至幼茎，幼茎变细缢缩，使幼苗病茎折断枯死。叶片发病，初始叶外沿褪绿变黄并产生灰白色霉层，发病末期可使整叶腐烂而死。茎秆发病，初始在茎秆产生水渍状小斑，扩展后成长椭圆形或不规则形，病部呈淡褐色，表面生灰白色的霉层。严重时，病斑可绕茎秆一周，引起病部上端的茎、叶萎蔫枯死。果实发病，初期被害部位的果皮呈灰白色水浸状，后发生组织软腐，后期在病部表面密生灰白色的霉层。

2. 病原及发病规律

灰霉病由灰葡萄孢菌浸染所致，属真菌病害，病菌以菌丝、菌核或分生孢子在病残体或土壤中越冬，条件合适时由菌丝或分生孢子侵入寄主。病菌喜温暖高湿的环境，最适发病环境温度为20℃～28℃，相对湿度90%以上，最适感病生育期为始花期至坐果期。辣椒灰霉病的主要发病盛期在冬春季12月中、下旬至5月间。早春温度偏低、多阴雨、光照时数少的易发病。连作地、排水不良、与感病寄主间作、种植过密、生长过旺、通风透光差、氮肥施用过多的易发病，保护地春季阴雨连绵、气温低、关棚时间长、棚内湿度高、通风换气不良，极易引发病害。

3. 防治措施

（1）精细整地，畦面应做成龟背式的深沟高畦，确保浇水畦面不积水。在雨季前，抓好温室、中棚四周清理沟系，防止雨后积水，降低地下水位和棚室内湿度，控制发病环境。

（2）适时通风换气，调节大棚空气湿度，抑制病害的重要手段。

(3) 化学防治农药可选40%施佳乐悬浮剂800～1000倍液；65%克得灵可湿性粉剂1000～1500倍；50%敌力脱水乳剂2000～2500倍；50%速克灵可湿性粉剂800～1000倍液；50%农利灵可湿性粉剂1000倍液；50%扑海因可湿性粉剂1000倍。防治时如遇阴雨天气或低温而不便喷药时，宜选用一薰灵或百菌清烟剂防治，每标准中管棚约3～4只。

四、辣椒病毒病

辣椒病毒病在全国各地普遍发生，危害极为严重，轻者减产20%～30%，严重时损失50%～60%，甚至绝收，栽培上又缺乏有效的药剂进行防治。

1. 危害症状

常见的发病症状有3种类型

(1) 花叶型：病叶出现明显黄绿相间的花斑、皱缩，或产生褐色坏死斑。

(2) 叶片畸形或丛簇型。开始时植株心叶叶脉退绿，逐渐形成深浅不均的斑驳、叶面皱缩、以后病叶增厚，产生黄绿相间的斑驳或大型黄褐色坏死斑，叶缘向上卷曲。幼叶狭窄、严重时呈线状，后期植株上部节间短缩呈丛簇状。重病果果面有绿色不均的花斑和疣状突起。

(3) 条斑型：叶片主脉呈褐色或黑色坏死，沿叶柄扩展到侧枝和主茎，出现系统坏死条斑，常造成早期的落叶、落花、落果，严重时整株枯死。

2. 病原及发病规律

世界各地报道有45种植物病毒能浸染辣椒，我国已报道有11种，以黄瓜花叶病毒（CMV）和烟草花叶病毒（TMV）为主。黄瓜花叶的寄主很广泛，其中包括许多蔬菜作物，主要由蚜虫传播。烟草花叶病毒可在干燥的病株残枝内长期生存，也可由种子带毒，经由汁液接触传播浸染。通常高温干旱，蚜虫严重危害时黄瓜花叶病毒危害也严重，多年连作，低洼地，缺肥或施用未腐熟的有机肥，均可加重烟草花叶病毒的危害。

3. 防治方法

(1) 选用抗病品种。

(2) 种子处理：用清水将种子浸泡3～4小时，再放入10%磷酸三钠溶液中浸30分钟，捞出后冲洗干净再催芽播种。

(3) 清洁田园，避免重茬，可与葱蒜类、豆科和十字花科蔬菜进行3～4年轮作。

(4) 培育壮苗，覆盖地膜，适时定植，加强水肥管理，增强植株抗病能力。

(5) 利用银灰色膜避蚜、黄板诱蚜。

(6) 进行药剂防治，前期要着重防治蚜虫和蓟马，减少传毒媒介。可用40%抗毒宝600倍液、20%病毒A粉剂500倍液、1.5%植病灵乳剂800倍液预防。蚜虫防治可用10%吡虫啉2000倍液、48%乐斯本乳油800倍液。

五、辣椒疫病

1. 症状

辣（甜）椒疫病主要为害叶片、果实和茎，特别是茎基部最易发生。幼苗期发病，多从茎基部开始染病，病部出现水渍状软腐，病斑暗绿色，病部以上倒伏。成株染病，叶片上出现暗绿色圆形病斑，边缘不明显，潮湿时，其上可出现白色霉状物，病斑扩展迅速，叶片大部软腐，易脱落，干后成淡褐色。茎部染病，出现暗褐色条状病斑，边缘不明显，条斑以上枝叶枯萎，病斑呈褐色软腐，潮湿时斑上出现白色霉层。果实受害始于蒂部，产生暗绿色水渍状病斑，湿度大时变褐软腐，表面长出白色稀疏霉层，干燥时形成僵果残留于枝上。

2. 病原及发病规律

辣（甜）椒疫病是由鞭毛菌亚门、辣（甜）椒疫霉真菌浸染所致。病菌以卵孢子在土壤或病残体中越冬，借风、雨、灌水及其它农事活动传播。发病后可产生新的孢子囊，形成游动孢子进行再浸染。病菌生育温度范围为 10℃～37℃，最适宜温度为 20℃～30℃。空气相对湿度达 90%以上时发病迅速；重茬、低洼地、排水不良，氮肥使用偏多、密度过大、植株衰弱均有利于该病的发生和蔓延。一般雨季来临或大雨过后，天气突然转晴，温度急剧上升，病害极易流行。

3. 防治方法

认真执行“预防为主、综合防治”的植保方针，抓好农业、生态和化学等综合防治措施。

（1）实行轮作、深翻改土，结合深翻，土壤喷施“免深耕”调理剂，增施有机肥料、磷钾肥和微肥，适量施用氮肥，改善土壤结构，提高保肥保水性能，促进根系发达，植株健壮。

（2）选用抗病品种，种子严格消毒，培育无菌壮苗；定植前 7 天和当天，分别细致喷洒两次杀菌保护剂，做到净苗移栽，减少病害发生。

（3）加强田间管理：在保障田间肥水充足，植株健壮生长的情况下，进入高温雨季，气温高于 32℃，注意暴雨后及时排水，雨季控制浇水，严防田间或棚室湿度过高。注意观察，发现病株，及时拔除，携出田外销毁。

（4）在化学防治上，定植前要搞好土壤消毒，结合翻耕，每亩撒施 70%敌克松可湿性粉剂 2.5 千克，或 70%的甲霜灵锰锌 2.5 千克，杀灭土壤中残留病菌。定植后，每 10～15 天喷洒一次 1∶1∶200 倍等量式波尔多液，进行保护，防止发病（注意不要喷洒开放的花蕾和生长点）。每 2 次波尔多液之间，喷 1 次 600～1000 倍茄果专业型天达-2116（或 5000 康凯、或 5000 倍芸苔素内酯），与波尔多液交替喷洒。如果已经开始发病可选用以下药剂：防治药剂有72.2%普力克，72%克露；70%甲霜灵锰锌或70%乙膦铝锰锌，25%瑞毒霉，85%乙膦铝，64%杀毒矾，70%新万生或大生，75%百菌清800倍液、52.5%抑快净1000～1500倍液、安果好1000倍液等。以上药液需交替使用，每5～7天一次，连续2～3次。阴雨天气，改用百菌清粉尘剂喷粉，每亩用药800～1000克；或用克露烟雾剂熏烟防治，每亩用药300～400克。每10～15天掺加1次600倍天达-2116，以便提高药效，增强植株的抗逆性能，提高防治效果。

六、辣椒炭疽病

该病包括了根据症状表现和病原物的不同所划分的黑色炭疽病、黑点炭疽病和红色炭疽病三种。黑色炭疽病在东北、华北、华东、华南、西南等地区发生普遍，黑点炭疽病发生在浙江、江苏、贵州等地，红色炭疽病发生较少。此病危害叶片和近成熟的果实，造成落叶和烂果，对辣椒生产的威胁很大。

1. 症状

辣（甜）椒炭疽病主要为害果实和叶片，也可浸染茎部。叶片染病，初呈水浸状褪色绿斑，后逐渐变为褐色。病斑近圆形，中间灰白色，上有轮生黑色小点粒，病斑扩大后呈不规则形，有同心轮纹，叶片易脱落。果实染病，初呈水渍状黄褐色病斑，扩大后呈长圆形或不规则形，病斑凹陷，上有同心轮纹，边缘红褐色，中间灰褐色，轮生黑色点粒，潮湿时，病斑上产生红色黏状物，干燥时呈膜状，易破裂。

2. 病原及发病规律

辣（甜）椒炭疽病是由半知菌亚门、刺盘孢属真菌浸染所致。病菌以分生孢子附着在种子表面、或以菌丝体潜伏在种子内越冬，也可以菌丝体、分生孢子或分生孢子盘在病残体或土壤中越冬，条件适宜时，借风雨、灌水、昆虫及农事活动传播，种子可以直接传播。病菌发育温度范围为12℃～33℃，最适温度为27℃，空气相对湿度达95%以上时，最适宜发病和浸染，空气相对湿度在70%以下时，难以发病。地势低洼、排水不良、密度过大、氮肥使用过多以及各种引起果实受伤的因素都会加重病害的浸染与流行。

3. 防治方法

病害控制措施：辣椒炭疽病主要以越冬病残体和种子上携带的病菌为初浸染源。因此，搞好种子处理、彻底清除病残体、合理轮作是控制病害发生的有效措施。

（1）种植抗病品种：开发利用抗病资源，培育抗病高产的新品种。一般辣味强的品种较抗病，可因地制宜选用。

（2）选用无菌种子及种子处理：从无病果实采收种子，作为播种材料。如种子有带菌嫌疑，可用55℃温水浸种10分钟，或用浓度为1‰的70%代森锰锌或50%多菌灵药液浸泡2小时，或用1%的硫酸铜溶液浸泡5分钟，捞出后再用少量消石灰或草木灰中和酸性，再播种。进行种子处理。

（3）加强栽培管理：合理密植，使辣椒封行后行间不阴蔽，果实不暴露；避免连作，发病严重地区应与瓜类和豆类蔬菜轮作2～3年；适当增施磷、钾肥，促使植株生长健壮，提高抗病力；低湿地种植要做好开沟排水工作，防止田间积水，以减轻发病；及时采果，辣椒炭疽病菌为弱寄生菌，成熟衰老的、受伤的果实易发病，及时采果可避病。

（4）清洁田园：果实采收后，清除田间遗留的病果及病残体，集中烧毁或深埋，并进行一次深耕，将表层带菌土壤翻至深层，促使病菌死亡。可减少初浸染源、控制病害的流行。

（5）在化学防治上，定植前要搞好土壤消毒，结合翻耕，每亩喷洒3000倍96%天达恶霉灵药液50千克，或撒施70%敌克松可湿性粉剂2.5千克，或70%的甲霜灵锰锌2.5千克，杀灭土壤中残留病菌。定植后，在发病初期或具备发病气候开始及时喷药预防和控制。喷药时，重点喷底部叶和地面。每10～15天喷洒一次1∶1∶200倍等量式波尔多液，进行保护，防止发病（注意不要喷洒开放的花蕾和生长点）。每2次波尔多液之间，喷1次600～1000倍瓜茄果专业型天达-2116（或5000康凯、或5000倍芸苔素内酯），与波尔多液交替喷洒。发病后可用65%代森锌可湿性粉剂500倍液、65%福美双可湿性粉剂300～500倍液、50%甲基托布津可湿性粉剂600倍液、75%百菌清可湿性粉剂600倍液、50%多菌灵可湿性粉剂500倍液，隔7～10天喷一次，连防2～3次。

七、辣椒疮痂病

辣椒疮痂病又名细菌性斑点病，在全国各地均有发生。引起落叶而影响产量和收期，病斑常发生在果实上，影响商品价值。

1. 危害症状

主要发生在叶和茎上，有时也危害果实。幼苗发病，子叶上生银白色小斑点，后变褐色凹陷斑，最后导致全株落叶，植株死亡。成株期叶片被害，初期呈水渍状黄绿色小斑点，扩大后呈不规则形，边缘暗绿色稍隆起，中间淡褐色、稍凹陷，表皮呈粗糙的疮痂状病斑。受害重的叶片，边缘、叶尖变黄，干枯脱落。如果病斑沿叶脉发生，常使叶片变成畸形。茎上被害，初期呈水渍状不规则的条形斑，随后木栓化隆起，纵裂呈疮痂状。果实被害，开始有褐色隆起的小黑点，随后扩大为稍隆起的圆形或长圆形的黑色疮痂病斑。潮湿时，疮痂中间有菌液溢出。

2. 病原及发病规律

该病由黄单孢杆菌细菌引起。病菌在种子上和随病株残体在田间越冬，借风、雨和昆虫传播。多发生在高温多雨季节，各地均有发生，常造成早期落叶。病菌生长适宜温度为27℃。湿度大发病重，重茬地、排水不良发病也重。

3. 防治方法

（1）轮作：避免与番茄、茄子等作物连作。

（2）种子消毒：从无病田块或无病植株上留种，并用55℃温水浸种或用0.1%的链霉素液浸种30分钟。

（3）培育无病壮苗：采用防雨、防虫、防病育苗，发现病苗及时拔除，并喷药防治，移栽前喷一次杀虫、杀菌剂，千万不能带病移入大田，这样易引起大流行。

（4）加强田间管理：深翻土地，雨季及时排水。及时把病叶、病果、病株清除到田外，并深埋或烧毁。

（5）药剂防治：前期可喷波尔多液预防，发病后可选用农用链霉素200～250毫克/千克、新植霉素200毫克/千克、1000～1500倍世高，隔7～8天喷一次，连喷2～3次。

八、辣椒白绢病

1. 危害症状

发病初期叶片不变化，后逐渐变黄。茎基部皮层组织暗褐色。近土层处开始腐烂。茎基部发病常有肉眼可见的白菌丝状体。植株基部土层也可见。后期，菌丝体中出现白菜籽大小的由浅黄转褐的小菌核，与土壤相接触的果实和枝条也可受到感染。

2. 病原及发病规律

白绢病病原有性世代为担子菌亚门薄膜革菌属白绢薄膜菌，无性世代为半知菌亚门罗氏白绢小菌核菌。病菌以菌核在土壤或混杂在种子过冬，来年长出菌丝从根茎部侵入。菌核在土壤中可存活5～6年。菌核萌发和菌丝生长最适温度为25℃～32℃、30℃～35℃。菌核萌发最适pH4.0～7.2，菌丝生长最好的pH4.8～7.2。菌核萌发和菌丝生长最适土壤含水量分别为

20%～40%和50%～60%，而土壤含水量35%时死苗率最高。高温高湿、土壤过酸或过碱、株行距过密、连作和浅耕地易发病。

3. 防治方法

（1）发现病株及时拔除，集中深埋或烧毁，条件允许的可进行深耕，把病菌翻入土层深处。

（2）发病初期用15%三唑酮可湿性粉剂或50%甲基立枯磷可湿性粉剂1份，对细土100～200份，撒在病部根基茎处，防效明显。必要时也可喷洒20%甲基立枯磷乳油1000倍液，隔7～10天1次，防治2次。

（3）利用木霉菌防治：用培养好的木霉0.4～0.45千克加50千克细土，混匀后撒覆在病株基部，每亩用1千克能有效地控制该病发展。

九、辣椒白粉病

1. 危害症状

该病是引起青椒落叶的一种重要病害。上部叶片呈现出的斑点随时间推移而逐渐变化，初生为退绿小黄点，后扩展为边缘不明显的退绿黄色病斑。染病部位病斑过多便相互粘连，致使叶片黄化。叶片下表面发病常形成坏死斑。染病部位背面的白粉状物即病菌分生孢子梗及分生孢子。

2. 病原及发病规律

白粉病病原属子囊菌亚门肉丝白粉菌属，无性世代为半知菌亚门粉孢属真菌。白粉菌分生孢子在10℃～35℃条件下均可萌发，萌发时一定要有水滴存在。气温低于30℃最适合浸染。分生孢子在田间主要靠气流传播扩散。昼夜温差大时，利于白粉病的发生发展。一般以生长中后期发病较多，露地多在8月中下旬至9月上旬天气干旱时易流行。

辣椒白粉病主要在温室栽培中发生，病株叶背面密生白色霉斑，以后扩大遍及整个叶背。病情严重时病叶脱落，成为再浸染源。温度低、连续下雨天气发病多。

3. 防治方法

适用保护剂有：50%硫悬浮剂500倍液、40%达科宁悬浮剂600倍液、75%百菌清600倍液、50%甲酸铜800～1000倍液、25%瑞毒霉每公顷用1410克；适用内吸性杀菌剂有：50%多菌灵可湿性粉剂600～800倍液、40%福星乳油6000～8000倍液、10%世高水分散性颗粒剂2000～3000倍液、50%托布津可湿性粉剂1000倍液、15%粉锈宁可湿性粉剂1000～1200倍液等。

十、辣椒青枯病

1. 症状

局部浸染，全株发病。其症状最显著的特点有三：一是植株叶色尚青绿（仅欠光泽）就萎垂，中午尤为明显；二是病程进展较急促，通常始病后三几天就全株枯死；三是拔起初期病株不易断头。剖检根茎维管束变褐，潮湿时挤捏茎部切口渗出黏质物，用夹玻片法检查病茎切片周围呈现米水状混浊液，或把病茎小段悬吊浸于清水中，少顷可见雾状物涌出（皆为菌脓）。此有别于辣椒枯萎病或浸染性根腐病。

2. 病原及发病规律

青枯病由布克氏杆菌细菌引起。病菌寄主范围较广，可侵害50多个科的数百种植物。其中危害较重的有辣椒、茄子、番茄、马铃薯、烟草、花生等。病菌随寄主病残体遗留在土壤中越冬。若无寄主也可在土壤中存活14个月，最长可达6年之久。病菌通过雨水、灌溉水、地下害虫、操作工具等传播。多从寄主根部或茎基部皮孔和伤口侵入。前期属于潜伏状态，条件适宜时，即可在维管束内迅速繁殖。并沿导管向上扩展，致使导管堵塞，进一步侵入邻近的薄壁细胞组织，使整个输导管堵塞，进一步侵入邻近的薄壁细胞组织，使整个输导管被破坏而失去功能。茎、叶因得不到水分的供应而萎蔫。土温20℃时病菌开始活动，土温达25℃时病菌活动旺盛，土壤含水量达25%以上时有利病菌侵入。雨后初晴，气温升高快，空气湿度大，热量蒸腾加剧，易促成此病流行。土壤酸性或钾肥缺乏有利此病发生。

3. 防治方法

（1）选育和种植抗耐病良种是防治辣椒青枯病最经济有效的办法。

（2）改良土壤，实行轮作，避免连茬或重茬，尽可能与瓜类或禾本科作物实行5～6年轮作；整地时每亩施草木石灰或石灰等碱性肥料100～150千克，使土壤呈微碱性，抑制青枯菌的繁殖和发展。

（3）改良栽培技术，提倡用营养钵育苗，做到少伤根，培育壮苗提高寄主抗病力。

（4）辣（甜）椒进入发病阶段，预防性喷淋50%绿乳铜乳油500倍液或14%络氨铜水剂300倍液或14%络氨铜水剂300倍液、77%可杀得可湿性粉剂500倍液，硫酸链霉素或72%农用硫酸链霉素可溶性粉剂4000倍液，隔7～10天1次，连续防治3～4次，或50%敌枯双可湿性粉剂800～1000倍液灌根，隔10～15天1次，连续灌2～3次。

十一、辣椒根腐病

1. 症状

辣椒根腐病多发生于定植后。发病初期，病株枝叶特别是顶部叶片稍见萎蔫，傍晚至次日早晨恢复。症状反复数日后，叶片全部萎蔫，但叶片仍呈绿色。病株的根茎部及根部皮层呈淡褐色及深褐色腐烂，极易剥离，露出木质部。横切茎观察，可见微管束变褐色，后期潮湿时可见病部长出白色至粉红色霉层（病菌分生孢子）。

2. 病原及发病规律

辣椒根腐病的病原菌为腐皮镰孢菌，其在土壤里可存活10年以上，传播渠道主要靠肥料、工具、雨水及流水传播。辣椒根腐病的发生与温度和湿度关系密切。温度在22℃～26℃最适合发病，超过30℃发病率在2%以下。辣椒根腐病对湿度也很敏感，湿度越大，发病越重，大水漫灌发病重，小水勤浇发病轻。

3. 防治措施

(1) 选无病土育苗：若苗床带菌，可用恶霉灵可湿性粉剂3000倍液、抗枯灵可湿性粉剂600倍液，每平方米泼药液6千克进行土壤处理。

(2) 合理轮作辣椒：根腐病是一种土传病害，为减少土壤中病原菌数量，有条件的最好进行水旱轮作，或者与非茄科蔬菜轮作至少8年以上。

(3) 加强栽培管理：据调查，同一块地高垄栽培比低垄栽培明显发病轻；用塑料薄膜覆盖发病轻。因此，灌溉时尽量不要大水漫灌，有条件的可进行滴灌并及时增施磷、钾肥，可以增强抗病力。

(4) 药剂防治

①定植时用抗枯灵可湿性粉剂600倍液、恶霉灵可湿性粉剂3000倍液浸根10～15分钟，防效较好；或用多菌灵、抗枯灵制成药土（每平方米用药10克，1/3下垫，2/3上盖）。

②定植后浇水时，随水加入硫酸铜溶入田中，每亩用量为1.5～2.0千克，可减轻发病。

③定植缓苗后，开始灌第一次药（不管田中是否发病），每株250毫升，每7天1次，连灌3次。由于根腐病是土传病害，一定要提前灌药、预防，如发病后再用药，效果甚微。药剂可用

恶霉灵可湿性粉剂3000倍液或抗枯灵可湿性粉剂600倍液。

第二节 辣椒虫害及防治技术

一、蚜虫

1. 危害特点

辣椒上的蚜虫的种类主要有桃蚜、萝卜蚜等。成虫及若虫栖息在叶背面、嫩梢、嫩茎上吸食汁液。辣椒幼苗嫩叶及生长点被害后，叶片卷缩，危害严重时整张叶片卷成一团，生长停滞，整株萎蔫死亡。蚜虫传播多种病毒病，造成的危害远大于蚜害本身。

2. 形态特征

有翅胎生雌蚜，头、胸黑色，腹部绿色。第一至第六腹节各有独立缘斑，腹管前后斑愈合，第一节有背中窄横带，第五节有小型中斑，第六至第八节各有横带，第六节横带不规则。无翅胎生雌蚜，体长2.3毫米，宽1.3毫米，绿色至黑绿色，被薄粉。表皮粗糙，有菱形网纹。腹管长筒形，顶端收缩，长度为尾片的1.7倍。尾片有长毛4～6根。

3. 发生规律

蚜虫在南方一年发生30～40代。在温暖地区或加温温室中，终年可以繁殖。桃蚜发育起点温度为4.3℃，有效积温为137℃，适温为24℃，高于28℃不发育。萝卜蚜繁殖适温为15～26℃。在适温范围内，发育期缩短。

4. 防治方法

(1) 农业措施防治：及时多次清除田间杂草，选用抗虫品种，及时除治大棚、温室蚜虫。有条件时利用喷灌，及时清理越冬场所。

（2）冷纱育苗：在早春和秋季进行育苗时，播种后在育苗畦上覆盖40～50筛目的白色或银灰色网纱，可杜绝蚜虫接触菜苗，减轻蚜害，也可减少蚜虫传播病毒病。

（3）利用黄板诱蚜和银灰色塑料薄膜避蚜。

（4）生物防治：利用天敌昆虫，如蚜茧蜂、食蚜蝇、草蛉等。

（5）药剂防治：用1∶15的比例配制烟叶水，泡制4小时后喷洒；灭杀毙600倍液喷雾，10％吡虫啉可湿性粉剂1500～2000倍液，3％啶虫脒乳油1500～2000倍液，5％啶虫脒可湿性粉剂2500～3000倍液，40％氯氰菊酯600倍液；敌杀死700倍液喷雾。目前农业部推荐用于替代高毒农药防治蔬菜蚜虫的农药为吡虫啉和啶虫脒。

二、茶黄螨

1. 危害特点

成螨和若螨集中在幼嫩部分刺吸危害，受害叶片背面呈灰褐色或黄褐色，具油质光泽或油浸状，叶片边缘向下卷曲。嫩茎、枝、果变黄褐色，扭曲畸形，严重者植株顶部干枯。受害花和蕾，重者不能开花坐果，果实木栓化，丧失光泽成锈壁果。由于螨体极小，成螨体长约0.2毫米，一般肉眼难以观察识别，所以被害状开始往往容易被误认为是生理病害或病毒病。

2. 形态特征

雌成螨：长约0.21毫米，体躯阔卵形，体分节不明显，淡黄至黄绿色，半透明有光泽。足4对，沿背中线有1白色条纹，腹部末端平截。雄成螨：体长约0.19毫米，体躯近六角形，淡黄至黄绿色，腹末有锥台形尾吸盘，足较长且粗壮。卵：长约0.1毫米，椭圆形，灰白色、半透明，卵面有6排纵向排列的泡状突起，底面平整光滑。幼螨：近椭圆形，躯体分3节，足3

对。若螨半透明，棱形，是一静止阶段，被幼螨表皮所包围。

3. 发生规律

茶黄螨1年发生20代以上，卵期2～3天，幼、若螨期4～6天，1个世代发育历期与温度有关，夏季（28℃～30℃）6～8天，春、秋（18℃～20℃）8～10天。主要以雌成螨在牛皮菜、空心莲子草、狗牙根草。辣椒等冬菜植株下部叶片凹陷处聚集越冬，以两性生殖为主，也能孤雌生殖，是次年春菜的主要虫源。5月中旬前从越冬寄信主迁入黄瓜、豇豆及茄科等作物上繁殖危害，卵粒散产于嫩叶背面、幼果凹处或嫩芽上。繁殖最适温度16℃～23℃，相对湿度80%～90%，5月中旬在辣椒植株上开始出现危害状，5月下旬至8月初是危害盛期，辣椒出现锈壁果高峰期在6～7月份。成螨活泼，有强烈的趋嫩性，当取食部位变老时，立即向新的幼嫩部位转移。当温度大于30℃，虫口数上升缓慢，干旱高温时田间则发生轻。

4. 测报方法

（1）田间调查：于5月中旬辣椒开花至结果期，选择辣椒连作地（或前作为茄科类）大田3块，采取对角线取样法固定5点，每点20株。在调查点内随机观察20片嫩叶，用10倍放大镜仔细检查正反两面虫、卵量，每5天检查1次，并作详细记载。

（2）防治适期：当定点调查虫口密度上升较快，面上普查有虫株率达10%，表现出株受害率达2%时，天气情况又有利其繁殖时，为防治最佳时期，应做好防治准备，在7～10天内施药。

（3）发病条件：如果5月下旬至7月下旬气温在22℃～27℃，且时晴时雨，空气湿度大于80%，则有大发生的可能；如气温在35℃以上，空气湿度小于80%以下的高温干旱天气，成、幼螨死亡率高，则发生轻。在新垦荒地或前作3年，未种茄科类地或水田改种辣椒地发生轻。

5. 防治措施

（1）轮作：辣椒等茄类、黄瓜、马铃薯、豇豆、菜豆的茶黄螨寄主地实行轮作，最好间隔2～3年，实行水旱轮作。

（2）开沟排水：排除田间渍水，降低田间湿度。

（3）适时用药防治：茶黄螨生活周期短，繁殖力极强，应特别注意早期防治，第1次用药时间：在5月中旬注意检查，当有虫株率10%，卷叶株率达2%时，或者在初花期喷施。以后每隔10～15天喷1次，连续防治3次，可控制危害，可选用下列药剂：1.8%虫螨克4000倍液，5%卡死克乳油1000～1500倍液，20%螨克1000～1500倍液，15%哒螨酮3000倍液，0.9%爱福丁乳油3500～4000倍液喷雾，5%尼索朗乳油2000倍液，或73%克螨特2000倍，20%三唑锡2500倍液等均有很好的防效。兼防白粉虱可选用2.5%天王星乳油喷雾防治

三、红蜘蛛

1. 危害特点

红蜘蛛以若虫和成虫在寄主的叶背面吸取汁液，受害叶初现灰白色，严重时变锈褐色，造成早落叶，果实发育慢，植株枯死。

2. 形态特征

①成螨：长0.42～0.52毫米，体色变化大，一般为红色，梨形，体背两侧各有黑长斑一块。雌成螨深红色，体两侧有黑斑，椭圆形。②卵：圆球形，光滑，越冬卵红色，非越冬卵淡黄色较少。③幼螨：近圆形，有足3对。越冬代幼螨红色，非越冬代幼螨黄色。越冬代若螨红色，非越冬代若螨黄色，体两侧有黑斑。④若螨：有足4对，体侧有明显的块状色素。

3. 发生规律

一年发生约10～20代，以成虫、若虫、卵在寄主的叶片下，

土缝里或附近杂草上越冬。温湿度与红蜘蛛数量消长关系密切，尤以温度影响最大，当温度在28℃左右，湿度35%～55%，最有利于红蜘蛛发生，但温度高于34℃，红蜘蛛停止繁殖，低于20℃，繁殖受抑。红蜘蛛有孤雌生殖习性，未受精的卵孵化为雄虫。卵孵化时，卵壳开裂，幼虫爬出，先静在叶片上，经蜕皮后进入第1龄虫期。幼虫及前期若虫活动少，后期若虫活跃而贪食，有趋嫩的习性，虫体一般从植株下部向上爬，边为害边上迁。高温干旱年份发生重。

4. 防治方法

(1) 农业防治：清除杂草及落叶，减少虫源。

(2) 药剂防治：加强虫情检查，控制在点片发生阶段，用药剂喷雾防治。可喷施40%三氯杀螨醇乳油1000～1500倍液，20%螨死净可湿性粉剂2000倍液，15%哒螨灵乳油2000倍液，1.8%齐螨素乳油6000～8000倍、1.8%阿维菌素乳油或虫螨克5000倍液、24.5%卡螨死1500倍液、20%增效哒螨灵2500～3000倍液、2.5%联苯菊酯2000～3000倍液，6～7天喷施一次，药剂可交替施用，连续2～3次。重点喷在叶背部。

四、温室白粉虱

1. 危害特点

温室白粉虱又名温室粉虱，属同翅目粉虱科，已成为棚室栽培蔬菜的重要害虫，在干旱年份也为害露地蔬菜。温室白粉虱主要以成虫和若虫群集在叶片背面吸食植物汁液，使叶片褪绿变黄，萎蔫甚至枯死，影响作物正常的生长发育。同时，成虫所分泌的大量蜜露堆积于叶面及果实上，引起煤污病的发生，严重影响光合作用和呼吸作用，降低作物的产量和品质。此外，该虫还能传播某些病毒病。温室白粉虱的寄主植物很多。单蔬菜、花卉、农作物就有200多种。

2. 形态特征

成虫体长约0.8～1.4毫米。淡黄白色到白色，雌雄均有翅，翅面覆有白色蜡粉。雌成虫停息时两翅合平坦，雄虫则稍向上翘成屋脊状。卵长椭圆形，长径0.2～0.25毫米。初产时淡黄色，以后逐渐转变为黑褐色。卵有柄，产于叶背面。若虫长卵圆形，扁平。1龄体长0.29毫米；2龄为0.38毫米；3龄为0.52毫米。淡绿色，半透明，在体表上被有长短不齐的丝状突起。蛹即4龄若虫。体长0.7～0.8毫米，椭圆形，乳白色或淡黄色，背面通常生有8对长短不齐的蜡质丝状突起。

3. 发生规律

温室白粉虱在温室条件下一年可发生10余代，能以各种虫态在温室蔬菜上越冬，或继续进行危害。冬季在温暖地区，卵可以在菊科植物上越冬。次年春天，从越冬场所向阳畦和露地蔬菜及花卉上逐渐迁移扩散。5～6月虫口密度增长比较慢，7～8月间虫口密度增长较快，8～9月份危害最严重，10月下旬以后，气温下降，虫口数量逐渐减少，并开始向温室内迁移，进行危害或越冬。

温室白粉虱成虫对黄色有强烈趋性，但忌白色、银白色，不善于飞翔。在田间先一点一点发生，然后逐渐扩散蔓延。田间虫口密度分布不均匀，成虫喜群集于植株上部嫩叶背面并在嫩叶上产卵，随着植株生长，成虫不断向上部叶片转移，因而植株上各虫态的分布就形成了一定规律，最上部嫩叶，以成虫和初产的淡黄色卵为最多；稍下部的叶片多为深褐色的卵；再下部依次为初龄若虫、老龄若、蛹。成虫羽化时间集中于清晨。雌成虫交配后经1～3天产卵。卵多产于叶背面，以卵柄从气孔插入叶片组织内，与寄主保持水分平衡，极不易脱落。每头雌虫产卵120～130粒，最多可产卵534粒。

温室白粉虱成虫活动最适温度为25℃～30℃，卵、高龄若虫和“蛹”对温度和农药抗逆性强，一旦作物上各虫态混合发生，防治就十分困难。温室白粉虱对寄主有选择性，在黄瓜、番茄混栽的温室大棚中，发生量大、危害重。单一种植或栽植白粉虱不喜食的寄主则发生较轻。据调查，温室白粉虱的虫口数量，一般秋季温室大棚内比春季温室大棚内的多；露地蔬菜比春、秋大棚内的多；距温室近的菜地比远的多，危害也重。

4. 防治方法

（1）农业防治：①培育无虫苗。定植前对温室、苗木进行消毒。每亩温室用80%敌敌畏0.4～0.6千克熏杀，或用40%氧化乐果乳油1000倍液喷雾。②合理布局。在棚室附近的露地避免栽植瓜类、茄果类、菜豆类等白粉虱易寄生、发生严重的蔬菜，提倡种植白粉虱不喜食的十字花科蔬菜。棚室内避免黄瓜、番茄、菜豆等混栽，防止白粉虱相互传播，加重危害和增加防治难度。③在棚室通风口密封尼龙纱，控制外来虫源。虫害发生时，结合整枝打杈，摘除带虫老叶，携出棚外埋灭或烧毁。

（2）物理防治：利用温室白粉虱趋黄习性，在白粉虱发生初期，将涂有机油的黄色板置于棚室内，高出蔬菜植株，诱粉虱成虫。

（3）生物防治：棚室内蔬菜的白粉虱发生量在0.5～1头/株时，可释放丽蚜小蜂“黑蛹”，每株3～5头，每隔10天左右放1次，共释放3～4次，寄生率可达75%以上，控制白粉虱的效果较好。

（4）药剂防治：①烟雾法每亩温室用22%敌敌畏烟剂0.5千克，于傍晚闭棚熏烟；或每亩用80%敌敌畏乳油0.4～0.5千克，浇洒在锯木屑等载体上，再加几块烧红的煤球熏烟。②喷雾法可用10%扑虱灵乳油1000倍液，或10%吡虫啉可湿性粉剂1000倍液，或2.5%天王星乳油2000倍液，或2.5%功夫乳油3000倍液，或20%灭扫利乳油2000倍液或40%乐果乳油1000

倍液，或80%敌敌畏乳油1000倍液，或25%灭螨猛乳油1000倍液，隔5～7天喷洒1次，连续用药3～4次。

由于白粉虱世代重叠，在同一时间同一作物上存在各种虫态，而当前采用的药剂没有对所有虫态均适用的种类，所以在药剂防治上，必须连续几次用药，才能取得良好防效。

五、烟青虫

1. 危害症状

以幼虫蛀食花、果危害，为蛀果类害虫。危害辣（甜）椒时，整个幼虫钻入果内，啃食果皮、胎座，并在果内缀丝，排留大量粪便，使果实不能食用。幼虫的体色夏季一般为绿色或青绿色，秋季为淡褐色或赤褐色，背上散生白色小点。烟青虫的卵多产在中上部叶片正、背面叶脉和花蕾萼片、幼嫩叶片上。

2. 形态特征

烟青虫成虫称烟夜蛾，为体中型的黄褐色蛾子（体长14～18毫米，翅展27～35毫米），前翅长度短于体长，翅上肾状纹、环状纹和各条横线较清晰。幼虫体色变化大，有绿色、灰褐色、绿褐色等多种。老熟幼虫绿褐色，长约40毫米，体表较光滑，体背有白色点线，各节有瘤状突起，上生黑色短毛。烟青虫与棉铃虫极近似，区别之处：成虫体色较黄，前翅上各线纹清晰，后翅棕黑色宽带中段内侧有一棕黑线，外侧稍内凹。卵稍扁，纵棱一长一短，呈双序式，卵孔明显。幼虫两根前胸侧毛（L1、L2）的连线远离前胸气门下端；体表小刺较短。蛹体前段显得粗短，气门小而低，很少突起。

3. 发生规律

烟青虫一般一年发生4～5代。在华北一年2代，以蛹在土中越冬；华南一年发生5代，以蛹在土中作土室越冬。成虫昼伏夜出，卵产于中上部叶片近叶脉处（前期）或果实上（后期），单产。在辣椒上，卵多散产于嫩梢叶正面，少数产于叶反面，也可产于花蕾、果柄、枝条、叶柄等处。晚上产卵有两个高峰期：8～9时和11～12时。卵孵化也有两个高峰期，下午5～7时和早晨6～9时。初孵幼虫先将卵壳取食后，再蛀食花蕾或辣椒嫩叶，3龄幼虫开始蛀食辣椒果实，幼虫有转果为害的习性。发育历期：卵3～4天，幼虫11～25天，蛹10～17天，成虫5～7天。成虫对萎蔫的杨树枝有较强的趋性，对糖蜜亦有趋性，趋光性则弱。幼虫有假死性，可转果危害。天敌有赤眼蜂、姬蜂、绒茧蜂、草蛉、瓢虫及蜘蛛等。

4. 防治方法

（1）在制种主产区，如常年烟青虫为害严重，可在附近栽种诱集带，以诱集越冬代成虫集中产卵，便于消灭。

（2）及时摘除被蛀食的果实，以免幼虫转果为害。

（3）性诱剂诱杀：每50亩地设黑光灯一盏，诱杀成虫。

（4）药剂防治：6月上、中旬防治第1代幼虫，7月中旬至8月中下旬防治第2、3代幼虫，9、10月根据虫情发展和为害情况确定第4、5代幼虫的防治。可用50％辛硫磷乳油1000～1500倍液、90％晶体敌百虫800倍液、80％敌敌畏乳油800～1000倍液、10％二氯苯醚菊酯3000倍液、25％氟氰菊酯4000倍液、20％杀灭菊酯3000倍液或者2.5％敌杀死4000～6000倍液喷雾、2.5％溴氰菊酯乳油2000～3000倍液、或75％西维因可湿性粉剂1500倍液喷雾防治。也可用BT、HD-1等苏云金芽孢杆菌制剂或棉铃虫多角形病毒连续防治2次。

六、斜纹夜蛾

1. 危害症状

斜纹夜蛾是一类杂食性和暴食性害虫，危害寄主相当广泛，除十字花科蔬菜外，还可危害包括瓜类、茄科、豆、葱、韭菜、菠菜以及粮食、经济作物等近100科、300多种植物。以幼虫咬食叶片、花蕾、花及果实，初龄幼虫啮食叶片下表皮及叶肉，仅留上表皮呈透明斑；4龄以后进入暴食，咬食叶片，仅留主脉。在包心椰菜上，幼虫还可钻入叶球内危害，把内部吃空，并排泄粪便，造成污染，使之降低乃至失去商品价值。

2. 发生规律

（1）年发生代数：一年4～5代，在山东和浙江经调查都是如此。以蛹在土下3～5厘米处越冬。

（2）活动习性：成虫白天潜伏在叶背或土缝等阴暗处，夜间出来活动。每只雌蛾能产卵3～5块，每块约有卵位100～200个，卵多产在叶背的叶脉分叉处，经5～6天就能孵出幼虫，初孵时聚集叶背，4龄以后和成虫一样，白天躲在叶下土表处或土缝里，傍晚后爬到植株上取食叶片。

（3）趋性：成虫有强烈的趋光性和趋化性，黑光灯的效果比普通灯的诱蛾效果明显，另外对糖、醋、酒味很敏感。

（4）生育与环境：卵的孵化适温是24℃左右，幼虫在气温25℃时，历经14～20天，化蛹的适合土壤湿度是土壤含水量在20%左右，蛹期为11～18天。

3. 防治

（1）农业防治：清除杂草，秋翻冬耕可消灭部分越冬蛹，结合田间作业可摘除卵块及似“窗纱状”被害叶。

（2）诱杀成虫：在成虫发生期，可由糖醋盆诱杀成虫，糖、醋、酒、水的比例为3∶4∶1∶2，并加少量敌百虫，春季结合诱杀小地老虎成虫进行。

（3）生物防治：在卵期释放赤眼蜂，每亩6～8个放蜂点，每次释放量2000～3000头，隔5天1次，共2～3次，可使卵寄生率达80%以上。

（4）药剂防治：成虫盛期后一周，当1～2龄幼虫群居时为防治适期，局部为害地块应及时挑治。药剂种类：5%农梦特乳油、5%卡死克乳油、5%抑太保乳剂各5000倍液，20%灭幼脲1号、25%灭幼脲3号胶悬液各500～1000倍液喷雾，可使青菜虫死于蜕皮障碍，这类药剂效果高，不污染环境，对天敌安全。还可用50%辛硫磷乳油、50%杀螟松乳油、50%巴丹可湿性粉剂各1000～1500倍液。不常使用敌百虫的地区，每亩用2.5%敌百虫粉剂1.5～2.5千克喷粉，或90%敌百虫晶体1000倍液喷雾。应慎用2.5%敌杀死乳剂、20%杀灭菊酯乳油、10%除虫精乳油各3000～5000倍液，还可喷洒40%菊马乳油2000～3000倍液。

七、蓟马

1. 危害特点

为害辣椒嫩芽，影响辣椒生长。因其数量大，如不及时防治，造成损失很大。花蓟马以成虫和幼虫锉吸辣椒叶片、花器和幼果上的汁液。苗期危害常造成叶片皱缩、粗糙，受害点（面）斑枯；花期危害能引起花蕾脱落；坐果期危害能造成幼果老化、僵硬、果柄黄化。

2. 形态识别

（1）成虫雌虫体长1.0毫米，雄虫略小，体淡黄色。复眼稍突出，褐色，单眼3只，红色，排成三角形，单眼间鬃位于三角形连线外缘。触角7节。

（2）卵长0.3毫米，长椭圆形，淡黄色，产于嫩叶组织内。

（3）若虫体黄白色，1～2龄若虫无翅芽。3龄触角向两侧弯曲，复眼红色，鞘状翅芽伸达第3至第4腹节。4龄交往后折于头背上，鞘状翅芽伸达腹部近末端，行动迟钝。

3. 发生规律

一年繁殖17～20代，多以成虫潜伏在土块、土缝下或枯枝落叶间越冬，少数以若虫或拟蛹在表土越冬。成虫具有向上、喜嫩绿的习性，且特别活跃，能飞善跳，但畏强光，白天多隐蔽在叶背或生长点，傍晚活动很强。以成虫和若虫锉吸心叶、嫩叶和花的汁液，被害植株心叶不能张开，生长点萎缩，嫩叶扭曲，植株生长缓慢，节间缩短。在25℃～30℃温度范围内，土壤含水量在8%～18%时，最有利于其生长发育，骤然降温会引起大量死亡。

4. 防治方法

（1）农业防治：大棚春椒栽培要及时清除田间杂草，减少越冬虫源；大棚秋延椒栽培要远离棉田等寄主田。清除温室中的残茬落叶，减少虫源；加强水肥管理，使植株生长健壮，提高抗虫力；在成虫迁入高峰时用纱网阻隔棚室门窗，以减少侵入虫量。

（2）药剂防治：大棚春椒防治关键期是结果盛期（一般在5～6月份）大棚秋延椒防治关键期是苗期、花期和幼果期（一般在8～10月份）。可选择25%吡虫啉可湿性粉剂2000倍或5%啶虫脒可湿性粉剂2500倍、10%吡虫啉可湿性粉剂1500倍或20%毒·啶乳油1500倍、4.5%高氯乳油1000倍与10%吡虫啉可湿性粉剂1500倍、5%溴虫氰菊酯1000倍混合喷雾，见效快，持效期长。为提高防效，农药要交替轮换使用。在喷雾防治时，应全面细致，减少残留虫口。

八、小地老虎

1. 危害特点

幼虫将辣椒幼苗近地面的茎部咬断，使整株死亡，造成严重损失，甚至毁苗。

2. 形态特征

卵馒头形，直径约0.5毫米、高约0.3毫米，具纵横隆线。初产乳白色，渐变黄色，孵化前卵一顶端具黑点。

蛹体长18～24毫米、宽6～7.5毫米，赤褐有光。口器与翅芽末端相齐，均伸达第4腹节后缘。腹部第4～7节背面前缘中央深褐色，且有粗大的刻点，两侧的细小刻点延伸至气门附近，第5～7节腹面前缘也有细小刻点；腹末端具短臀棘1对。

幼虫圆筒形，老熟幼虫体长37～50毫米、宽5～6毫米。头部褐色，具黑褐色不规则网纹；体灰褐至暗褐色，体表粗糙、布大小不一而彼此分离的颗粒，背线、亚背线及气门线均黑褐色；前胸背板暗褐色。黄褐色臀板上具两条明显的深褐色纵带；胸足与腹足黄褐色。

成虫体长17～23毫米，翅展40～54毫米。头、胸部背面暗褐色，足褐色，前足胫、跗节外缘灰褐色，中后足各节末端有灰褐色环纹。前翅褐色，前缘区黑褐色，外缘以内多暗褐色。

3. 发生规律

从10月到第2年4月都见发生和危害。西北地区2～3代，长城以北一般年2～3代，长城以南黄河以北年3代，黄河以南至长江沿岸年4代，长江以南年4～5代，南亚热带地区年6～7代。无论年发生代数多少，在生产上造成严重危害的均为第1代幼虫。南方越冬代成虫2月份出现，全国大部分地区羽化盛期在3月下旬至4月上、中旬，宁夏、内蒙古为4月下旬。

成虫多在下午3时至晚上10时羽化，白天潜伏于杂物及缝隙等处，黄昏后开始飞翔、觅食，3～4天后交配、产卵。卵散产于低矮叶密的杂草和幼苗上、少数产于枯叶、土缝中，近地面处落卵最多，每雌产卵800～1000粒、多达2000粒；卵期约5天左右，幼虫6龄、个别7～8龄，幼虫期在各地相差很大，但第1代约为30～40天。幼虫老熟后在深约5厘米土室中化蛹，蛹期约9～19天。

4. 防治方法

(1) 除草灭虫：杂草是地老虎产卵的场所，也是幼虫向作物转移为害的桥梁。因此，春耕前进行精耕细作，或在初龄幼虫期铲除杂草，可消灭部分虫、卵。

（2）诱杀防治：一是黑光灯诱杀成虫。二是糖醋液诱杀成虫，糖6份、醋3份、白酒1份、90%敌百虫1份调匀，或用泡菜水加适量农药，在成虫发生期设置，均有诱杀效果。三是堆草诱杀幼虫，在辣椒定植前，可选择地老虎喜食的灰菜、刺儿菜、苦荬菜、小旋花、苜蓿、青蒿、白茅、鹅儿草等杂草，堆放诱集地老虎幼虫，或人工捕捉，或拌入药剂毒杀。

（3）化学防治：地老虎2～3龄幼虫期抗药性差，且暴露在寄主植物或地面上，是药剂防治的适期。可用21%增效氰·马乳油8000倍液、2.5%溴氰菊酯或20%氰戊菊酯2000倍液、10%溴·马乳油2000倍液、90%敌百虫800倍液、50%辛硫磷800倍液喷雾防治。

九、蜗牛

蜗牛又叫蛐蜒螺。发生危害的主要有同型巴蜗牛和灰巴蜗牛，都属软体动物。两种蜗牛外形相似，在田间混合发生，不易区别。

1. 危害特点

蜗牛属杂食性害虫，能危害豆科、十字花科和茄科蔬菜，也能危害棉花、甘薯、桑树、果树等。初孵幼贝只取食叶肉，稍大后刮食叶、茎，形成孔洞或缺刻，严重时将幼苗咬断，造成缺苗断垄。

2. 发生规律

各菜区同型巴蜗牛每年发生1代。以成贝和幼贝越冬。越冬场所多选在潮湿阴暗处，如菜田的草堆下、石块下、土缝中。3月初开始活动取食。4～5月成贝交配产卵。因为蜗牛雌雄同体，除异体交配受精外，也可以自体受精繁殖。每只成贝可产卵

30～235粒，并能多次产卵。蜗牛喜阴湿，如遇雨天，昼夜活动危害，干热时昼伏夜出，在干旱或气候不良时，分泌黏液形成蜡状膜将口封住，隐蔽起来不活动，干旱过后又恢复活动。蜗牛的天敌很多，如步行虫、青蛙等，大敌数量多时，可减轻蜗牛的危害。

3. 防治方法

（1）清洁菜园：田边、沟旁等撒施生石灰，除掉杂草，以减少蜗牛的草生。

（2）人工捕捉成贝和幼贝，减少田间虫量。

（3）采用化学药物进行防治，于发生盛期选用2%的灭害螺毒饵0.4～0.5千克/亩，或5%的密达（四聚乙醛）杀螺颗粒0.5～0.6千克/亩，或8%的灭蜗灵颗粒剂、10%的多聚乙醛（蜗牛敌）颗粒0.6～1千克/亩搅拌干细土或细沙后，于傍晚均匀撒施于绿地土面。成株基部放密达20～30粒，灭蜗效果更佳。还有其它一些药剂防治蜗牛的办法。例如，当清晨蜗牛潜入土中时（阴天可在上午）用硫酸铜1：800倍溶液或1%的食盐水喷洒防治。用灭蜗灵800～1000倍液或氨水70～400倍液喷洒防治。建议对上述药品交替使用，以保证杀蜗保叶，并延缓蜗牛对药剂产生抗药性。

第三节　防治辣椒病虫害的常用药物

一、几种常见病害的防治药剂

1. 辣椒病毒病

如抗毒剂一号水剂300倍液，或1.5%植病灵乳剂800～1000倍液，或20%病毒A可湿性粉剂400～500倍液，或细胞分裂素可湿性粉剂600倍液，或NS-83增抗剂100倍液。

2. 辣椒疫病

(1) 国产农药：40%增效瑞毒霉可湿性粉剂或55%多效瑞毒霉可湿性粉剂500倍液；50%甲霜铜可湿性粉剂500倍液；70%乙锰可湿性粉剂或64%恶霜灵锰锌可湿性粉剂400倍液；58%甲霜灵锰锌或90%疫霜灵可湿性粉剂500倍液。

(2) 进口农药：64%杀毒矾可湿性粉剂400倍液；77%可杀得可湿性粉剂或58%瑞毒锰锌可湿性粉剂500倍液；72.2%普力克水剂600～800倍液；52.5%抑快净水分散粒剂1000～1500倍。

3. 辣椒灰霉病

50%速克灵可湿性粉剂1500倍液；50%扑海因可湿性粉剂1000倍液，65%甲霉威可湿性粉剂800～1000倍液。

4. 辣椒炭疽病

70%甲基托布津（甲基硫菌灵）可湿性粉剂600倍液，或50%多菌灵可湿性粉剂500倍液，或50%混杀硫悬浮剂600倍液，或80%炭疽福美可湿性粉剂700～800倍液，或农抗120水剂200倍液，发病初期喷，隔6～7天喷一次，连喷3～4次。

5. 辣椒疮痂病

新植霉素200～250毫克/千克，或72%农用链霉素可溶性粉剂400倍液。发病初期喷，隔7天喷一次，连喷2～3次。77%可杀得可溶性粉剂500倍液，或60%琥·乙膦铝（DTM）可湿性粉剂500倍液。保护地可喷10%乙滴粉尘，每亩每次1千克。7天一次．连喷2～3次。

6. 辣椒菌核病

(1) 进口农药：50%速克灵可湿性粉剂1500倍液；或50%扑海因可湿性粉剂1000倍液；或50%农利灵可湿性粉剂1000倍液。发病初期防治，隔7～10天一次，连喷2～3次。

(2) 国产农药：50%多霉灵可湿性粉剂500倍液或65%甲

霉灵可湿性粉剂500倍液；或50%乙扑可湿性粉剂600倍液。保护地也可用10%速克灵烟剂，每亩每次250克，或喷10%灭霉威粉尘，每亩每次1千克，7天一次，连续防2～3次。

7. 辣椒白粉病

农抗120水剂或农抗BO-10水剂200倍液；50%粉锈宁可湿性粉剂1000倍液，或20%粉锈宁（三唑酮）乳油1500倍液，或50%硫磺悬浮剂300～400倍液。

8. 辣椒软腐病

77%可杀得可湿性粉剂500倍液；50%DT可湿性粉剂500倍液，或14%络氨铜水剂300倍液。发病初期喷，隔6～7天一次，连喷2～3次。

二、几种新型高效低毒蔬菜田杀虫剂

（1）米满：米满为20%悬浮剂。该药是一种昆虫蜕皮加速剂类仿生农药。可促进鳞翅目幼虫蜕皮，导致幼虫脱水，抑制取食，最终饥饿而死。米满药效高、持效期长，对各龄幼虫均有效。主要防治甜菜夜蛾、斜纹夜蛾、甘蓝夜蛾、菜青虫等，但对小菜蛾（吊丝虫）防效欠佳。一般在幼虫发生期用该剂1500～2000倍液喷雾。

（2）菜喜：菜喜为2.5%悬浮剂，为生物制剂，主要作用于昆虫的中枢神经系统，有胃毒和触杀作用，可有效防治小菜蛾、蓟马等。一般于小菜蛾幼虫低龄期或蓟马发生初期用1000～1500倍液喷雾。

（3）除尽：又名虫螨腈，为10%悬浮剂。该药剂作用于昆虫体内细胞的线粒体上，通过昆虫体内的多功能氧化酶起作用，主要抑制二磷酸腺苷向三磷酸腺苷的转化。该药渗透性强，有一定的内吸作用，杀虫谱广、防效高、持效长。可以控制抗性害虫。能有效防治小菜蛾、菜青虫、甜菜夜蛾、斜纹夜蛾、菜螟、菜蚜、斑潜蝇、蓟马等。每亩用10%除尽30～50毫升，加水喷雾。

(4) 抑太保：又名定虫隆，为5%乳油。以胃毒作用为主，兼有触杀作用，无内吸性。作用机制主要是抑制昆虫几丁质合成，阻碍正常蜕皮。主要防治小菜蛾、菜青虫、豆野螟、斜纹夜蛾、地老虎、二十八星瓢虫等。一般在卵孵盛期至低龄幼虫期用1000～1500倍液喷雾。

(5) 醚菊酯：又名多来宝，为10%悬浮剂。该剂是一种醚类化合物，因其空间结构与拟除虫菊脂有相似之处而得名。杀虫活性高、击倒速度快，持效期长。对害虫有触杀和胃毒作用。对菜青虫、小菜蛾、甜菜夜蛾、菜蚜有特效。一般于幼虫2龄期用本品1500倍液均匀喷雾。

(6) 虫螨光（阿维菌素、齐螨素）：具有广谱、高效、低残留、无污染和使用安全等特点。渗透性强，见效快，持效期达20天以上，虫螨兼杀。对梨木虱、红白蜘蛛可用3000～4000倍液；对金纹细蛾、小卷叶蛾、食心虫可用2000～3000倍液。

(7) 灭幼脲3号：高效、低毒、无公害。25%胶悬剂2000～3000倍液喷雾，可防治食叶毛虫；1000～2000倍液于成虫发生高峰期喷雾（叶背喷到），可防治金纹细蛾；800倍液喷雾，可防治食心虫。

(8) 噻嗪酮（优乐得、灭幼酮、扑虱灵）：高效、安全、无公害。用25%可湿性粉剂1500～2000倍液喷雾，15天后再喷一次，可防治介壳虫、叶蝉和飞虱等。

(9) 卡死克：杀虫、杀螨剂，对害虫主要是胃毒作用，触杀作用很小，兼有杀卵作用。高效、安全、无公害。对人畜毒性很低，对天敌和鱼虾等水生动物杀伤作用很小，对蜜蜂安全。用1000～1500倍液施药后3小时达死亡高峰。其滞留性杀虫作用，可使药效长达2个月，对螨类有较好的防治效果，并能防治鳞翅目、鞘翅目和同翅目的许多农业害虫。夏季用500～1000倍液喷雾可防治卷叶蛾类和食心虫类。

（10）吡虫啉：内吸持效，兼备速效的触杀和胃毒作用，主要用于防治刺吸式口器害虫，如蚜虫、梨木虱、叶蝉等。对同翅目、鳞翅目、鞘翅目、双翅目害虫均有效，但对螨类无效。与其它杀虫剂无交互抗性，持效期长，对人畜、天敌毒性低，对环境安全。10％可湿性粉剂稀释3000～4000倍液使用。

（11）艾美乐：是一种广谱、高效、内吸、低毒杀虫剂，主治蚜虫、飞虱、叶蝉、木虱、蜂象、蓟马、粉虱、介壳虫等。70％水分散粒剂稀释20000～30000倍液使用。由于艾美乐是一种化学结构全新的化合物，它与传统的杀虫剂包括常用的有机磷杀虫剂和拟除虫菊酯类杀虫剂的作用机制完全不同，所以抗性害虫对其不易产生交互抗性，有利于防治对常规农药已产生抗性的害虫。

（12）力富农（百虫丹）：是沙蚕毒素类杀虫剂。杀虫单与吡虫啉的复配制剂，高效、低毒、无公害。具有强烈的触杀、胃毒、内吸性和一定的熏蒸作用，持效期长。与我国生产的其它杀虫剂作用机制不同，因而药效独特。50％可湿性粉剂稀释2000～2500倍液，主治苹果金纹细蛾、银纹细蛾、黄蚜、小卷叶蛾等，同时兼治介壳虫，有效控制期20天以上。

（13）阿克泰：属二代吡虫啉。天然内吸，用量少，杀虫谱广，持效期长，对环境安全。25％水分散粒剂10000倍液喷施。

（14）莫比朗（啶虫脒）：新型吡啶类杀虫剂，比吡虫啉杀虫谱更广，并能杀卵，速效性好，持效期长。对抗性蚜虫、梨木虱有较好的防效，对难杀的蚧壳类、蜂象和金龟子同样效果好。用2000倍液～3000倍液喷雾。

（15）蔬果净（绿保威）：植物源杀虫剂，用0.5％乳油1000～2000倍液喷雾，可防治食叶毛虫。

（16）绿色功夫：第三代拟除虫菊酯类杀虫剂，由于含有氟元素，与过去的菊酯类农药相比，具有虫螨兼杀、不易产生抗性、高效等特点。使用2000～3000倍液防治，对果品安全。

（17）好年冬：是呋喃丹的低毒化衍生物。对人畜毒性只有呋喃丹的1/18，使用时对人比较安全，但对害虫的毒性却依然很高。对螨类无效。具触杀和胃毒作用，用3000～4000倍液喷施，杀虫谱广，持效期长，对果品安全。

（18）速扑杀：高效、高毒有机磷杀虫剂，对介壳虫有特效。萌芽前喷施1000～1500倍液，可保全年无介壳虫，其它害虫也大大减少。全套袋果园可在套袋后喷施1500倍液一次，有效杀灭暴发性害虫、害螨。

（19）果蔬利：广谱、胃毒、触杀，兼有较强的熏蒸作用和良好的渗透性，对钻蛀性害虫、介壳虫、梨木虱等抗性顽固性害虫、害螨均有很好的防治效果。2000～3000倍液喷雾。

（20）苦参氰：是一种低毒的植物源杀虫、杀螨剂。害虫一旦触及，即麻痹神经中枢，具有胃毒和触杀作用，对鳞翅目害虫、蚜虫、梨木虱、红蜘蛛有效，兼杀盲蝽象、金龟子、介壳虫等。由于是与氰戊菊酯复配，药效更快、更高。稀释1000～1500倍液喷雾。

（21）霸螨灵：杀螨成分为唑螨酯，为高效广谱苯氧吡唑类杀螨剂，具有触杀作用，无内吸作用。对幼螨效果最好，其次是若螨、成螨及卵。对叶螨（二斑叶螨、棉红蜘蛛）等各种害螨有效，且持效期长，一次使用即可奏效。兼治小菜蛾、斜纹夜蛾、桃蚜等。日本农药株式会社生产，5%悬浮剂2000～3000倍液喷雾，持效期40天左右，一年1～2次即可。

（22）蛾螨灵：除灭幼脲3号防治对象外，还可以防治红蜘蛛。

（23）甲维盐：甲维盐全称甲氨基阿维菌素苯甲酸盐，它具有超高效，低毒，低残留，无公害等生物农药的特点，对鳞翅目、双翅目昆虫的幼虫和其它许多害虫的活性极高，既有胃毒作用又兼触杀作用，在非常低的剂量（0.084～2克/公顷）下具有很好的效果，而且在防治害虫的过程中对益虫没有伤害，有利于对害虫的综合防治，另外扩大了杀虫谱，降低了对人畜的毒性。使用甲维盐时添加菊酯类农药可以提高速效性，在作物的生长期内间隔使用效果较好。

（24）普尊：5%氯虫苯甲酰胺悬浮剂，为杜邦公司开发的新型杀虫剂，高效广谱的鳞翅目、主要甲虫和粉虱杀虫剂，在低剂量下就有可靠和稳定的防效，立即停止取食，药效期更长，防雨水冲洗，在作物生长的任何时期提供即刻和长久的保护。

（25）阿维哒螨灵：为阿维菌素和哒螨灵复配而成杀螨剂，具有触杀、胃毒作用，充分发挥各自的杀虫特点，对茶黄螨、红蜘蛛和白粉虱等害虫具有较好的防治效果。